Hydrologische Modellierung – Ein Einstieg mithilfe von Excel

Klaus Eckhardt

Hydrologische Modellierung – Ein Einstieg mithilfe von Excel

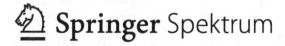

Klaus Eckhardt
Fakultät Landwirtschaft
Hochschule Weihenstephan-Triesdorf
Weidenbach, Deutschland

OnlinePLUS Material zu diesem Buch finden Sie auf
http://www.springer.com/978-3-642-54094-3

ISBN 978-3-642-54094-3   ISBN 978-3-642-54095-0 (eBook)
DOI 10.1007/978-3-642-54095-0

Die Deutsche Nationalbibliothek verzeichnet diese Publikation in der Deutschen Nationalbibliografie;
detaillierte bibliografische Daten sind im Internet über http://dnb.d-nb.de abrufbar.

Springer Spektrum
© Springer-Verlag Berlin Heidelberg 2014

Planung und Lektorat: Merlet Behncke-Braunbeck, Bianca Alton
Redaktion: Regine Zimmerschied

Gedruckt auf säurefreiem und chlorfrei gebleichtem Papier

Springer Spektrum ist eine Marke von Springer DE. Springer DE ist Teil der Fachverlagsgruppe Springer
Science+Business Media
www.springer-spektrum.de

Inhaltsverzeichnis

Einführung

1

1.1 Allgemeines zu Computermodellen

Mithilfe von Computermodellen werden Wettervorhersagen erstellt, Verkehrsströme nachgebildet, wird die Konstruktion von Motoren optimiert, die Klimatisierung von Gebäuden geplant, die Umströmung von Flugzeugen simuliert... Sie sind ein allgegenwärtiges und unverzichtbares Werkzeug in der ingenieurwissenschaftlichen Praxis geworden.

So unterschiedlich die Anwendungsgebiete für Computermodelle sind, so ähnlich sind die **Arbeitsschritte**, die notwendig sind, um sie zu erstellen und anzuwenden.

- Es muss geklärt werden, welche Prozesse für das System, das nachgebildet werden soll, relevant sind.
- Die relevanten Prozesse müssen mathematisch beschrieben werden.
- Die mathematischen Gleichungen müssen in ein Computerprogramm umgesetzt werden.
- Es muss gewährleistet werden, dass die Programmierung fehlerfrei und das Programm in der Anwendung numerisch stabil ist.
- Die Eingabedaten für die interessierende Anwendung müssen zusammengestellt werden.

Erst jetzt kann das interessierende System im Computer nachgebildet werden. Man spricht davon, dass ein **Modell** des Systems erstellt wird.

Für Verwirrung kann in diesem Zusammenhang sorgen, dass der Begriff des Modells in zwei unterschiedlichen Bedeutungen verwendet wird. Ein Beispiel aus der Hydrologie: Das nachzubildende System ist das Einzugsgebiet eines Oberflächengewässers, die interessierenden Prozesse sind diejenigen, die zur Abflussbildung führen. Um eine Nachbildung des Einzugsgebiets im Computer, ein Einzugsgebietsmodell, zu erzeugen, gibt es unterschiedliche Programme mit Namen wie MIKE SHE, SWAT oder WaSiM-ETH. Diese Programme werden häufig ebenfalls als Modelle bezeichnet: Man spricht vom Modell MIKE SHE, SWAT oder WaSiM-ETH. Der Begriff des Modells bezeichnet also einerseits die Nachbildung des interessierenden Systems im Computer und andererseits das Programm, das ver-

K. Eckhardt, *Hydrologische Modellierung – Ein Einstieg mithilfe von Excel*,
DOI 10.1007/978-3-642-54095-0_1, © Springer-Verlag Berlin Heidelberg 2014

wendet wird, um diese Nachbildung zu erzeugen. Im Folgenden wird der Begriff des Modells meist im ersteren Sinne von Nachbildung des Systems im Computer verwendet.

Die weiteren Arbeitsschritte sind:

- Das Modell des nachzubildenden Systems muss **validiert** werden, d. h. man vergleicht vom Modell berechnete Ausgabegrößen mit entsprechenden Messwerten, um zu prüfen, wie gut das Modell die Realität wiedergibt. Dabei ist vorab zu klären, wie die Übereinstimmung zwischen Modellausgabe und Messwerten überhaupt quantifiziert, d. h. ihrer Größe nach bestimmt, werden soll. Zu diesem Zweck ist eine sogenannte Zielfunktion auszuwählen (Abschn. 2.4.1).
- Zeigen sich bei der Validierung größere Diskrepanzen, muss dies nicht bedeuten, dass das Modell grundsätzlich falsch ist. In der Regel sind die Werte von Modellparametern nicht genau bekannt und müssen durch eine **Kalibrierung** bestimmt werden. Dabei werden die Werte der betreffenden Parameter innerhalb vertretbarer Grenzen so lange variiert, bis eine ausreichend erscheinende Übereinstimmung zwischen der Modellausgabe und den Messwerten erzielt ist.
- Muss das Modell, sei es das Computerprogramm oder sei es das Abbild des Systems im Computer, korrigiert werden, so ist es im Sinne eines zielgerichteten Vorgehens vorteilhaft zu wissen, welche Teilprozesse, Eingabegrößen und Parameter das interessierende Modellergebnis am stärksten beeinflussen. Dies zu klären, ist Aufgabe einer **Sensitivitätsanalyse** (Abschn. 2.4.3).
- Nach Kalibrierung und Validierung kann das Modell angewendet werden, d. h., es wird berechnet, wie das nachgebildete System auf Änderungen von Anfangs- oder Randbedingungen reagiert.
- Spätestens jetzt stellt sich auch die Frage nach der **Darstellung der Ergebnisse**: Welche sind die entscheidenden Kenngrößen, und in welcher Weise und mit welchen Hilfsmitteln sollen die Ergebnisse visualisiert, d. h. bildlich dargestellt, werden?

Ein Computermodell zu erstellen und anzuwenden, ist also mit erheblichem Aufwand verbunden. Gerechtfertigt wird dies durch die **Vorteile von Computermodellen**:

- Der Einsatz des Computers führt zu einer enormen Beschleunigung der Datenverarbeitungsgeschwindigkeit. Dadurch wird es überhaupt erst möglich, das Verhalten komplexer Systeme mit einem vertretbaren Aufwand und innerhalb eines akzeptablen zeitlichen Rahmens adäquat rechnerisch nachzubilden.
- Ein komplexes System ist schwer zu überschauen. Nicht selten basiert die Darstellung eines solchen Systems auf der Arbeit einer Vielzahl von Fachleuten unterschiedlicher Disziplinen. Ein extremes Beispiel stellen Erdsystemmodelle dar, die dazu dienen, den Klimawandel und seine globalen Auswirkungen zu untersuchen. Ein solches Modell führt unter anderem Wissen aus Meteorologie, Ozeanografie, Hydrologie, Geologie, Biologie und Ökonomie zusammen. Ein Computermodell hat in diesem Sinne eine integrative Funktion: Es stellt eine Plattform dar, um Wissen zusammenzufassen.
- Der Vergleich der Modellergebnisse mit entsprechenden Beobachtungsdaten erlaubt es, das in dem Modell zusammengefasste Wissen über die relevanten

Eigenschaften eines Systems und die in ihm ablaufenden Prozesse zu überprüfen. Größere Abweichungen bei diesem Vergleich regen dazu an, den bisherigen
Kenntnisstand zu hinterfragen und das System- und Prozessverständnis zu er-
weitern.

- Computermodelle werden häufig für Systeme erstellt, mit denen sich in der Realität keine Experimente durchführen lassen, beispielsweise weil das betreffende
  System noch gar nicht existiert, sondern sich erst in der Planung befindet, weil
  ein Experiment zu aufwendig wäre oder weil es schädliche Auswirkungen hätte.
  Mit Computermodellen lassen sich virtuelle Experimente durchführen, d. h. Experimente, die in der Wirklichkeit nicht möglich sind.
- Computermodelle erlauben es, in der Realität langsam ablaufende Prozesse stark
  beschleunigt und schnell ablaufende Prozesse zeitlich verlangsamt zu beobachten. Sie können als Zeitraffer oder Zeitlupe dienen.

1.2   Zum Inhalt dieses Buches

Im vorliegenden Buch werden zwei Typen hydrologischer Modelle vorgestellt, das
Niederschlag-Abfluss-Modell und das Grundwasserströmungsmodell.

Mit **Niederschlag-Abfluss-Modellen** (N-A-Modellen) wird nachgebildet, wie
im Einzugsgebiet eines Oberflächengewässers aus Niederschlag Abfluss wird. Modelle dieses Typs werden unter anderem eingesetzt, um Hoch- und Niedrigwas-
serabflüsse vorherzusagen oder um zu beurteilen, wie sich anthropogene Eingriffe
wie Landnutzungsänderungen oder Speicherbewirtschaftung auf den Abfluss auswirken. **Grundwasserströmungsmodelle** dienen unter anderem dazu, die Verfüg-
barkeit von Grundwasser zur Gewinnung von Brauch- und Trinkwasser zu untersuchen, Grundwasserabsenkungen zu planen oder hydraulische Sicherungs- und
Sanierungsmaßnahmen für Altlasten zu konzipieren.

Für beide Modelltypen gibt es zahlreiche, teilweise kostenfreie Programme,
meist mit anwenderfreundlicher Nutzeroberfläche. Diese Programme bestehen
primär aus umfangreichem Quelltext in einer höheren Programmiersprache. Ein
solches Programm zu schreiben, ist eine Aufgabe, die nur verhältnismäßig wenige
Experten beherrschen.

Nun ist es weder sinnvoll noch notwendig, dass derjenige, der ein Computermodell (im Sinne von Programm) verwenden will, dieses zunächst einmal selbst
schreibt. Allerdings fehlt dem Anwender damit einiges: das Gefühl dafür, wie viel
Vorarbeit es erfordert hat, um das Modell, mit dem er arbeitet, bereitzustellen; die
eigene Anschauung, wie ein solches Modell prinzipiell konstruiert wird; das Gefühl dafür, wie unzulänglich und fehlerhaft auch das Programm mit der schönsten
Nutzeroberfläche sein kann; die Möglichkeit, das Programm selbst inhaltlich zu
überprüfen, und die Möglichkeit, Korrekturen und Ergänzungen an dem Programm
vorzunehmen. Ohne Programmierkenntnisse kann ein Programm lediglich so angewendet werden, wie es durch andere entworfen worden ist.

Deswegen ist es sinnvoll, zum Einstieg in das Thema Modellierung eben nicht
darauf zu verzichten, selbst zu programmieren. „Basteln am Computer" kann außer-

dem Spaß machen. Kenntnisse einer höheren Programmiersprache sind dabei nicht zwingend notwendig. Programme für einfache, aber realistische Anwendungen lassen sich z. B. mit dem weitverbreiteten Tabellenkalkulationsprogramm Excel erstellen. Dazu wird Excel auch im vorliegenden Buch verwendet: Nachdem die hydrologischen und mathematischen Grundlagen behandelt worden sind, wird gezeigt, wie sich einfache Varianten eines Niederschlag-Abfluss- und eines Grundwasserströmungsmodells mit Excel programmieren lassen. Genauer gesagt (für Experten) handelt es sich um ein konzeptionelles Niederschlag-Abfluss-Modell in Form einer Linearspeicherkaskade und ein Finite-Differenzen-Modell für die zweidimensionale stationäre Strömung durch ein poröses Medium, im vorliegenden Fall die Strömung des Grundwassers in einem Grundwasserleiter.

Die Modelle werden einer Sensitivitätsanalyse unterzogen, kalibriert, validiert und angewendet. Auf diese Weise werden Kenntnisse vermittelt, die in allen Bereichen der Modellierung von Belang sind. Vorteilhaft sind dabei gute mathematische Grundkenntnisse und gute Kenntnisse im Umgang mit Excel bezüglich der Gestaltung von Tabellenblättern, der Durchführung von Berechnungen und dem Erstellen von Diagrammen. Wer sich ernsthaft und vertieft mit dem Thema „Modellierung" auseinandersetzen will, sollte sich außerdem durch Sorgfalt und Beharrlichkeit auszeichnen. Als Lohn winkt: ein Berufsleben lang „am Computer spielen" für ernsthafte Zwecke und die wirkliche Welt.

Niederschlag-Abfluss-Modell

2

2.1 Grundlagen

2.1.1 Prozesse des Landschaftswasserhaushalts

Unter dem Begriff des **Landschaftswasserhaushalts** werden die Prozesse zusammengefasst, die Wasser in einer Landschaft erfährt. Die betreffenden Wasserströme werden im Folgenden nur der Menge nach beschrieben. Man spricht in diesem Zusammenhang von **quantitativer Hydrologie** im Gegensatz zur **qualitativen Hydrologie**, welche die Eigenschaften des Wassers, seine Inhaltsstoffe und seine Temperatur, beschreibt. Abbildung 2.1 zeigt schematisch die wesentlichen Prozesse.

Der Eintrag von Wasser erfolgt primär durch **Niederschlag**. Der Niederschlag kann in flüssiger Form, z. B. als Regen oder Tau, oder in fester Form, z. B. als Schnee, Hagel oder Reif, erfolgen. Er trifft im Allgemeinen nicht unmittelbar auf den Erdboden, sondern zunächst auf die Vegetationsdecke. Diese kann einen Teil des Niederschlags zurückhalten – ein Prozess, der als **Interzeption** bezeichnet wird. Niederschlag, der die Vegetationsoberfläche benetzt oder, falls er in fester Form fällt, auf ihr liegen bleibt, kann von dort aus durch Verdunstung oder Sublimation als Wasserdampf an die Atmosphäre zurückgegeben werden. Dies ist die sogenannte **Interzeptionsverdunstung**. Nicht aller Niederschlag erreicht also den Erdboden. Der Niederschlag oberhalb der Vegetationsdecke wird auch als **Freilandniederschlag** bezeichnet, um kenntlich zu machen, dass der Niederschlag ohne Minderung durch die Interzeptionsverdunstung gemeint ist. Der Niederschlag, der durch den Vegetationsbestand auf den Erdboden gelangt, wird dagegen **Bestandesniederschlag** genannt.

Die Bodenoberfläche selbst stellt ebenfalls einen Wasserspeicher dar, vor allem dann, wenn sich flüssiges Wasser in Vertiefungen bzw. Mulden sammelt oder wenn sich eine Schneedecke bildet. Ist die Bodenoberfläche geneigt, kann sich außerdem **Oberflächenabfluss** bilden. Dabei handelt es sich um Regen- oder Schmelzwasser, das der Neigung der Bodenoberfläche folgend auf dieser abfließt.

Derjenige Teil des Bestandesniederschlags, der nicht von der Bodenoberfläche verdunstet oder sublimiert und nicht auf ihr abfließt, dringt in das Erdreich ein.

K. Eckhardt, *Hydrologische Modellierung – Ein Einstieg mithilfe von Excel,*   5
DOI 10.1007/978-3-642-54095-0_2, © Springer-Verlag Berlin Heidelberg 2014

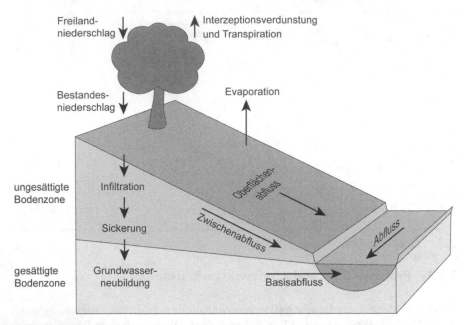

Abb. 2.1 Prozesse des Landschaftswasserhaushalts. (Illustration: Henrike Eckhardt)

Dies ist der Prozess der **Infiltration**. Damit gelangt das Wasser in die sogenannte **ungesättigte Bodenzone**, d. h. den oberen Bereich des Bodens, dessen Porenräume nicht vollständig mit Wasser gefüllt sind bzw. der nicht mit Wasser gesättigt ist. Das infiltrierte Wasser kann nun entweder im Porenraum gespeichert werden oder weitere Fließprozesse erfahren:

• Es kann sich weiter vertikal nach unten bewegen (**Sickerung**).
• Es kann unter bestimmten Bedingungen lateral abfließen (**Zwischenabfluss**).
• Es kann durch Pflanzenwurzeln aufgenommen, durch den Pflanzenkörper zu den Blättern transportiert und von dort verdunstet werden (**Transpiration** der Pflanzen).

Unter der ungesättigten liegt die **gesättigte Bodenzone**, also derjenige Bereich des Bodens, in dem der gesamte Porenraum mit Wasser gefüllt ist. Der zusammenhängende Wasserkörper in dieser Zone ist das **Grundwasser**. Dasjenige Sickerwasser, das die gesättigte Bodenzone erreicht, stellt die **Grundwasserneubildung** dar. Durch den Kapillareffekt kann umgekehrt auch Grundwasser vertikal nach oben in die ungesättigte Bodenzone transportiert werden. Man spricht vom **kapillaren Aufstieg**.

Oberflächengewässer stehen meist in direktem Kontakt mit dem Grundwasser. Der Abfluss in einem Gerinne setzt sich im Allgemeinen aus drei Komponenten zusammen: dem Oberflächenabfluss, dem Zwischenabfluss und dem grundwasserbürtigen, d. h. aus dem Grundwasser stammenden Abfluss. Letzterer wird häufig auch als **Basisabfluss** bezeichnet. Als **Einzugsgebiet** eines Oberflächengewässers bezeichnet man das gesamte Gebiet, aus welchem dem Gewässer Wasser zufließt.

Ober- und unterirdisches Einzugsgebiet können dabei unterschiedlich ausgedehnt sein.

Die Verdunstung von Oberflächen wie denjenigen der Vegetationsdecke, des Bodens oder von Gewässern wird als **Evaporation** bezeichnet. Die Evaporation wird mit der Transpiration der Pflanzen unter dem Begriff der **Evapotranspiration** (ET) zusammengefasst.

Mittlere Jahressummen für das Gebiet der Bundesrepublik Deutschland sind (Bundesumweltamt 2011):

- Freilandniederschlag: 860 mm (1 mm = 1 l/m²)
- Evapotranspiration: 540 mm
- Gerinne- und Grundwasserabfluss: 320 mm

Da im langfristigen Mittel keine Änderung der gespeicherten Wassermenge auftritt, gilt die Beziehung Freilandniederschlag – Evapotranspiration = Abfluss.

Eine ausführliche Darstellung des Landschaftswasserhaushalts und seiner einzelnen Komponenten geben Wohlrab et al. (1992).

2.1.2 Erstellen des Modells für ein Einzugsgebiet

Der Landschaftswasserhaushalt kann mit Computerprogrammen unterschiedlicher Komplexität nachgebildet werden. Die anspruchsvollsten Programme zeichnen sich dadurch aus, dass die relevanten Prozesse detailliert, weitgehend physikalisch basiert und räumlich differenziert betrachtet werden. Die Vorbereitung der Berechnungen wird hier schnell weit aufwendiger, als es die Berechnungen selbst sind.

Im Allgemeinen werden für physikalisch basierte, räumlich differenzierte Modelle die folgenden Eingabeinformationen benötigt:

- digitales Höhenmodell
- Daten zur räumlichen Verteilung und den Eigenschaften der Landbedeckung (z. B. Wuchshöhe, Blattflächenindex, Interzeptionskapazität, Stomataleitfähigkeit)
- Daten zur räumlichen Verteilung und den Eigenschaften der Bodentypen (z. B. Horizontierung, Porosität, hydraulische Leitfähigkeit, nutzbare Feldkapazität)
- meteorologische Antriebsdaten (z. B. Globalstrahlung, Niederschlag, Temperatur)
- Daten zur Landbewirtschaftung (z. B. Bewässerung, Termine für Aussaat, Mahd, Ernte)
- Daten zu Eigenschaften der Oberflächengewässer (z. B. Abmessungen, Rauigkeit des Gerinnebettes)

Neben dem Zusammenstellen dieser Daten sind eine Reihe weiterer Arbeitsschritte notwendig, um das Einzugsgebietsmodell zu konstruieren und anwenden zu können:

- Mithilfe des digitalen Höhenmodells wird das Einzugsgebiet abgegrenzt.
- Das digitale Höhenmodell ist außerdem Grundlage der Ausweisung des Oberflächengewässernetzes.

- Viele Eingabeinformationen liegen nur als Punktdaten vor, z. B. die Daten von meteorologischen Stationen. Diese Daten müssen in den Raum übertragen werden. Man spricht auch von der Regionalisierung der Punktdaten.
- Die Raumelemente des Modells müssen abgrenzt werden. Die räumlich differenzierte Betrachtung des Einzugsgebiets kann dadurch erfolgen, dass das Gebiet bei seiner Abbildung im Computer in ein Raster von Modellzellen unterteilt wird. Eine weitere Möglichkeit besteht in der Ausweisung sogenannter Hydrotope. Dies sind unregelmäßig verteilte Raumelemente, die – wie durch ein Verschneiden von Information über Relief, Landbedeckung und Boden ermittelt wird – hinsichtlich ihrer hydrologischen Eigenschaften annähernd homogen sind.
- Die Eingabedateien des Modells müssen erstellt werden. Dabei sind Formatierungsvorschriften, die durch das verwendete Programm vorgegeben sind, genau einzuhalten.
- Beobachtungsdaten – im Fall von Niederschlag-Abfluss-Modellen mindestens eine Zeitreihe gemessener Abflüsse – müssen erfasst und gesichtet werden.
- Das Modell muss kalibriert und validiert werden.

Wenn das Modell angewendet wird, sollte man sich immer bewusst sein, dass ein Modell lediglich ein vereinfachtes Abbild der Realität darstellt und die Modellausgabe daher fehlerbehaftet ist. Potenzielle Ursachen sind:

- eine unzureichende oder nicht zutreffende Prozessbeschreibung
- Parameterunsicherheit, d. h. die Tatsache, dass die Werte vieler Parameter, durch die Eigenschaften des Systems beschrieben werden, nicht genau bekannt sind
- nicht erkannte Abweichungen zwischen ober- und unterirdischem Einzugsgebiet
- die begrenzte räumliche und zeitliche Auflösung des Modells
- numerische Fehler bei den Berechnungen im Computer
- Messfehler in den meteorologischen Antriebsdaten
- Fehler, die durch die Regionalisierung von Punktdaten entstehen
- Fehler in den Daten, die zur Kalibrierung und Validierung des Modells herangezogen werden.

2.2   Linearspeicher und Linearspeicherkaskade

Die Schilderung der Prozesse des Landschaftswasserhaushalts (Abschn. 2.1.1) hat schon angedeutet, dass sich ein hydrologisches System, das Niederschlag in Abfluss umwandelt, als eine Kette von Speichern beschreiben lässt, die in unterschiedlicher Weise Zufluss erhalten und Abfluss produzieren. So wird auch ganz allgemein ein konzeptionelles N-A-Modell konstruiert: als eine Speicherkaskade. Angelehnt an die Erläuterungen in Abschn. 2.1.1 ergibt sich das in Abb. 2.2 gezeigte Schema.

Sei V_i der Inhalt eines Speichers im Zeitschritt i. Z_i bezeichne den Zufluss in den Speicher, A_i den Abfluss aus dem Speicher. Dann lässt sich V_i folgendermaßen berechnen: Man nimmt das gespeicherte Volumen V_{i-1} im vorangehenden Zeitschritt $i - 1$, subtrahiert davon A_{i-1}, d. h. die Wassermenge, die im vorangehenden

Abb. 2.2 Konzeptionelles
Modell der Abflussbildung

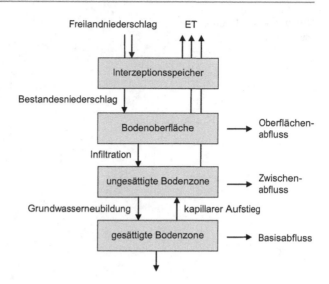

Zeitschritt aus dem Speicher abgeflossen ist, und addiert anschließend diejenige Wassermenge Z_i, die dem Speicher im aktuellen Zeitschritt i zufließt:

$$V_i = V_{i-1} - A_{i-1} + Z_i. \tag{2.1}$$

In demjenigen Modell, das nachfolgend programmiert wird, werden die Speicher als Linearspeicher angelegt. Ein Linearspeicher zeichnet sich dadurch aus, dass der Abfluss aus ihm proportional zum Speicherinhalt ist:

$$A_i = kV_i. \tag{2.2}$$

k ist die **Speicherkonstante** bzw. der **Auslaufkoeffizient** des Speichers.

Basis des Modells ist also eine **Linearspeicherkaskade**, d. h. eine Abfolge mehrerer hintereinander geschalteter Linearspeicher. Der Abfluss aus einem Speicher ist der Zufluss für den folgenden Speicher (Abb. 2.3). Als Antrieb für die Prozesse in der Linearspeicherkaskade muss daher nur der Zufluss in den ersten Speicher der Kaskade vorgegeben werden. Dies ist im Beispiel des N-A-Modells der Niederschlag. Die Parameter der Linearspeicherkaskade sind die Auslaufkoeffizienten der Speicher.

▶ **Übung 1: Linearspeicher** 1.1 Öffnen Sie eine neue Excel-Datei. Speichern Sie die Datei unter dem Namen „N-A-Modell.xlsx" ab. Geben Sie dem ersten Tabellenblatt in der Datei den Namen „Linearspeicher1" und schreiben Sie in seine Zelle A1 die Überschrift „Abfluss aus einem einzelnen Linearspeicher".

Abb. 2.3 Kaskade aus n
Speichern

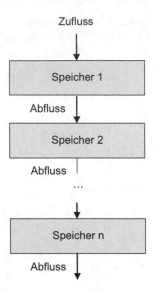

Auf dem Tabellenblatt „Linearspeicher 1" soll untersucht werden, wie sich der Abfluss aus einem Linearspeicher entwickelt, wenn eine Zeitreihe von Zuflüssen vorgegeben wird. Entscheidend ist dabei die Speicherkonstante bzw. der Auslauf-koeffizient k. Damit die Gleichungen zur Berechnung des Abflusses nicht jedes Mal geändert werden müssen, wenn der Wert des Auslaufkoeffizienten modifiziert wird, wird dieser nicht explizit in die Gleichungen hineingeschrieben, sondern separat in einer Tabellenzelle angegeben, auf die in den Gleichungen Bezug genommen wird.

▶ 1.2 Schreiben Sie in Zelle A3 die Bezeichnung des Parameters, also „k", und in die Zelle dahinter (B3) seinen Wert, z. B. 0,1. Beachten Sie, dass $0 \leq k \leq 1$ gelten muss!

Die Gleichung zur Berechnung des Abflusses lautet $A_i = k \ V_i$. Das Volumen V_i hat die Dimension Volumen, der Abfluss A_i die Dimension Volumen/Zeit. Daher muss k die Dimension 1/Zeit haben und in einer Einheit wie 1/s oder 1/d angegeben werden, worin d für das lateinische Wort *dies* („Tag") steht. Zum Testen des Einzelspeichers werden allerdings rein fiktive Werte verwendet, deren Einheit nicht feststeht. Daher wird an dieser Stelle auf die Angabe einer Einheit verzichtet. Sonst ist dies nicht zulässig!

▶ 1.3 Legen Sie eine Tabelle für die Berechnungen an (Abb. 2.4). In die Spalte A kommt die Nummer i des Zeitschrittes. Dreißig Zeitschritte werden vorgesehen. Der vorzugebende Zufluss in den Speicher wird in der Spalte B angegeben und mit Z bezeichnet. Das gespeicherte Volumen und der Abfluss werden in den Spalten C und D berechnet.

Abb. 2.4 Tabelle zur Berechnung des Abflusses aus einem Linearspeicher

▶ 1.4 Erstellen Sie nun die Excel-Formeln zur Berechnung des Speicherinhalts und Abflusses in jedem Zeitschritt. Im ersten Zeitschritt wird $V = Z$ gesetzt. Danach erfolgt die Berechnung des Speicherinhalts gemäß Gl. 2.1. Der Abfluss wird gemäß Gl. 2.2 ermittelt.

Im Anhang wird die Lösung der gestellten Aufgabe erläutert. Machen Sie es sich aber nicht zu einfach: Schauen Sie nicht sofort dort nach! Sie sollten den Anhang nur in zwei Fällen zu Rate ziehen:
• Wenn Sie Ihr fertiges Ergebnis überprüfen wollen.
• Wenn Sie sich intensiv um eine eigenständige Lösung des Problems bemüht haben, aber dennoch nicht weiter wissen.

▶ 1.5 Geben Sie in den Zeitschritten 1 bis 10 einen Zufluss von 10 vor und stellen Sie die zeitliche Entwicklung des Abflusses aus dem Linearspeicher grafisch dar.

Charakteristisch für den Linearspeicher ist, dass der Abfluss über die Dauer des konstanten Zuflusses gemäß einer Funktion für beschränktes Wachstum zu- und nach dem Aussetzen des Zuflusses exponentiell abnimmt (Abb. 2.5).

▶ 1.6 Variieren Sie den Wert des Speicherkoeffizienten k und beobachten Sie, wie sich der Abfluss ändert. Wie erklärt sich das beobachtete Verhalten aus Gl. 2.2?

	A	B	C	D
1	Abfluss aus einem einzelnen Linearspeicher			
2				
3	k	0,1		
4				
5	i	z	V	A
6	1	10,0	10,0	1,0
7	2	10,0	19,0	1,9
8	3	10,0	27,1	2,7
9	4	10,0	34,4	3,4
10	5	10,0	41,0	4,1
11	6	10,0	46,9	4,7
12	7	10,0	52,2	5,2
13	8	10,0	57,0	5,7
14	9	10,0	61,3	6,1
15	10	10,0	65,1	6,5
16	11	0,0	58,6	5,9
17	12	0,0	52,8	5,3
18	13	0,0	47,5	4,7
19	14	0,0	42,7	4,3
20	15	0,0	38,5	3,8
21	16	0,0	34,6	3,5
22	17	0,0	31,2	3,1
23	18	0,0	28,0	2,8
24	19	0,0	25,2	2,5
25	20	0,0	22,7	2,3
26	21	0,0	20,4	2,0
27	22	0,0	18,4	1,8
28	23	0,0	16,6	1,7
29	24	0,0	14,9	1,5
30	25	0,0	13,4	1,3
31	26	0,0	12,1	1,2
32	27	0,0	10,9	1,1
33	28	0,0	9,8	1,0
34	29	0,0	8,8	0,9
35	30	0,0	7,9	0,8
36				
37				

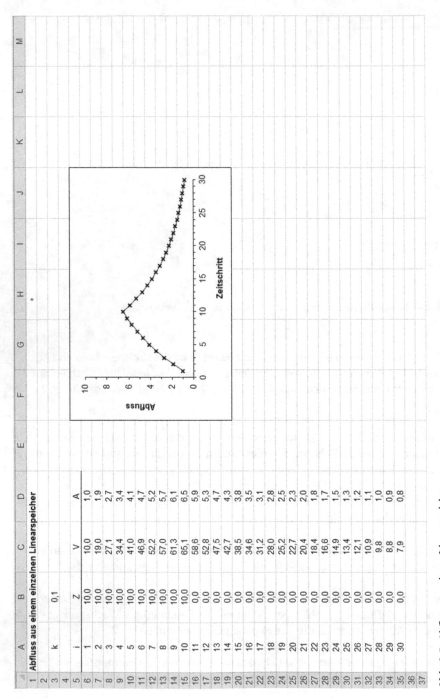

Abb. 2.5 Abfluss aus einem Linearspeicher

▶ **Übung 2: Linearspeicherkaskade** 2.1 Legen Sie ein Tabellenblatt „Linearspeicher2" an und schreiben Sie in seine Zelle A1 die Überschrift „Abfluss aus zwei hintereinander geschalteten Linearspeichern". Schreiben Sie in die Zellen A3 und A4 die Bezeichnungen der Parameter, also „k_1" und „k_2", und in die Zellen B3 und B4 ihre Werte. Beachten Sie, dass $0 \le k_1 \le 1$ und $0 \le k_2 \le 1$ gelten muss!

Jeder der beiden Speicher hat seinen eigenen Speicherkoeffizienten. Der Speicherkoeffizient des ersten Speichers wird nachfolgend k_1 und der Speicherkoeffizient des zweiten Speichers k_2 genannt. Der Zufluss in den ersten Speicher trägt weiterhin die Bezeichnung Z. Der Speicherinhalt des ersten Speichers und der Abfluss aus ihm erhalten die Bezeichnungen *V1* und *A1*. Der Abfluss *A1* des ersten Speichers ist der Zufluss des zweiten Speichers, sodass für diesen keine eigene Bezeichnung notwendig ist. Der Speicherinhalt des zweiten Speichers und der Abfluss aus ihm erhalten die Bezeichnungen *V2* und *A2*.

▶ 2.2 Legen Sie eine Tabelle für die Berechnungen an (Abb. 2.6). Wie auf dem Tabellenblatt „Linearspeicher1" werden 30 Zeitschritte vorgesehen.

▶ 2.3 Erstellen Sie nun die Excel-Formeln zur Berechnung des Speicherinhalts und Abflusses in jedem Zeitschritt. Im ersten Zeitschritt wird *V1 = Z* und *V2 = A1* gesetzt. Danach erfolgt die Berechnung des Speicherinhalts gemäß Gl. 2.1. Der Abfluss wird gemäß Gl. 2.2 ermittelt (Lösung im Anhang).

▶ 2.4 Geben Sie in den Zeitschritten 1 bis 10 einen Zufluss von 10 vor und stellen Sie die zeitliche Entwicklung des Abflusses *A2* am Ende der Linearspeicherkaskade grafisch dar.

Beim Einzelspeicher ist vor allem der Anstieg des Abflusses zum Abflussmaximum unrealistisch. Durch die Hintereinanderschaltung mehrerer Linearspeicher lässt sich die Form der Abflusskurve flexibler gestalten (Abb. 2.7).

▶ 2.5 Variieren Sie die Werte der Speicherkoeffizienten k_1 und k_2 und beobachten Sie, wie sich der Abfluss ändert. Wie erklärt sich das beobachtete Verhalten aus Gl. 2.2?

2.3   Erweiterung zum N-A-Modell

Um den Prozessen des Landschaftswasserhaushalts gerecht zu werden, muss die Linearspeicherkaskade um weitere Flüsse ergänzt werden, die nicht dem jeweils nächsten Speicher zufließen, sondern mit den lateralen und vertikal nach oben gerichteten Flüssen in Abb. 2.2 gleichzusetzen sind. Abbildung 2.8 zeigt das Konzept des einfachen Niederschlag-Abfluss-Modells, das im Folgenden aufgebaut wird.

Basis sind zwei hintereinander geschaltete Linearspeicher. Speicher 1 wird mit der ungesättigten Bodenzone und Speicher 2 mit der gesättigten Bodenzone identifiziert. Es wird davon ausgegangen, dass der Freilandniederschlag unmittelbar auf die Bodenoberfläche auftrifft. Ein Teil des Niederschlags kann oberflächlich ab-

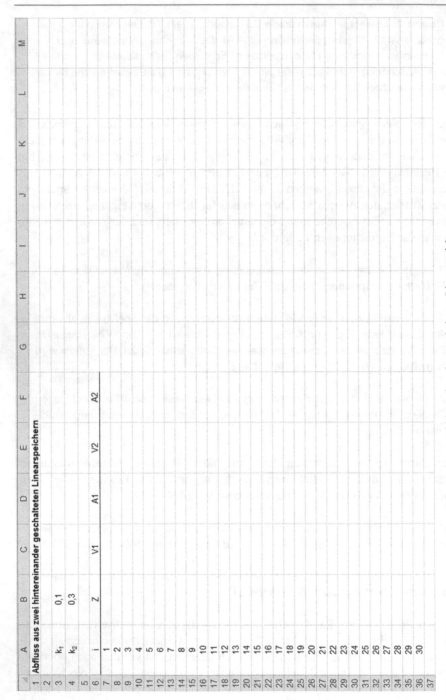

	A	B	C	D	E	F	G	H	I	J	K	L	M
1	Abfluss aus zwei hintereinander geschalteten Linearspeichern												
2													
3	k_1	0,1											
4	k_2	0,3											
5													
6	i	Z	V1	A1	V2	A2							
7	1												
8	2												
9	3												
10	4												
11	5												
12	6												
13	7												
14	8												
15	9												
16	10												
17	11												
18	12												
19	13												
20	14												
21	15												
22	16												
23	17												
24	18												
25	19												
26	20												
27	21												
28	22												
29	23												
30	24												
31	25												
32	26												
33	27												
34	28												
35	29												
36	30												
37													

Abb. 2.6 Tabelle zur Berechnung des Abflusses aus zwei hintereinander geschalteten Linearspeichern

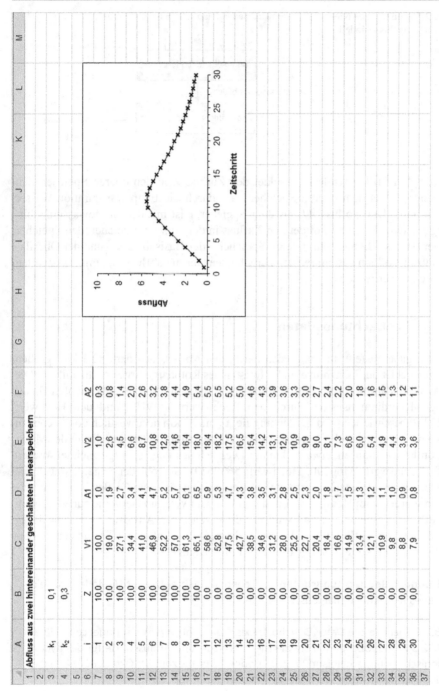

Abfluss aus zwei hintereinander geschalteten Linearspeichern

k_1	0,1
k_2	0,3

i	Z	V1	A1	V2	A2
1	10,0	10,0	1,0	1,0	0,3
2	10,0	19,0	1,9	2,6	0,8
3	10,0	27,1	2,7	4,5	1,4
4	10,0	34,4	3,4	6,6	2,0
5	10,0	41,0	4,1	8,7	2,6
6	10,0	46,9	4,7	10,8	3,2
7	10,0	52,2	5,2	12,8	3,8
8	10,0	57,0	5,7	14,6	4,4
9	10,0	61,3	6,1	16,4	4,9
10	10,0	65,1	6,5	18,0	5,4
11	0,0	58,6	5,9	18,4	5,5
12	0,0	52,8	5,3	18,2	5,5
13	0,0	47,5	4,7	17,5	5,2
14	0,0	42,7	4,3	16,5	5,0
15	0,0	38,5	3,8	15,4	4,6
16	0,0	34,6	3,5	14,2	4,3
17	0,0	31,2	3,1	13,1	3,9
18	0,0	28,0	2,8	12,0	3,6
19	0,0	25,2	2,5	10,9	3,3
20	0,0	22,7	2,3	9,9	3,0
21	0,0	20,4	2,0	9,0	2,7
22	0,0	18,4	1,8	8,1	2,4
23	0,0	16,6	1,7	7,3	2,2
24	0,0	14,9	1,5	6,6	2,0
25	0,0	13,4	1,3	6,0	1,8
26	0,0	12,1	1,2	5,4	1,6
27	0,0	10,9	1,1	4,9	1,5
28	0,0	9,8	1,0	4,4	1,3
29	0,0	8,8	0,9	3,9	1,2
30	0,0	7,9	0,8	3,6	1,1

Abb. 2.7 Abfluss bei Hintereinanderschaltung zweier Linearspeicher

Abb. 2.8 Konzept des Niederschlag-Abfluss-Modells

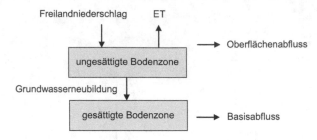

fließen. Der infiltrierende Rest bildet den Zufluss Z in den oberen Speicher, den Speicher 1. Aus dem oberen Speicher wird durch die Evapotranspiration Wasser entnommen. Der Abfluss $A1$ aus dem Speicher 1 ist mit der Grundwasserneubildung gleichzusetzen und bildet den Zufluss in den unteren Speicher, den Speicher 2. Der Abfluss $A2$ aus dem unteren Speicher – der Basisabfluss – und der Oberflächenabfluss bilden zusammen den berechneten Gerinneabfluss, der mit Messwerten verglichen werden kann.

2.3.1 Beobachtungsdaten

Die Aufgabe besteht im Folgenden darin, den Abfluss aus dem 82,3 km² großen Einzugsgebiet der Dietzhölze im Südwesten des Rothaargebirges nachzubilden. Die Messwerte stammen vom Pegel Dillenburg 2, dessen Lage im sogenannten Gauß-Krüger-Koordinatensystem durch den Rechtswert 3449700 und den Hochwert 5625340 beschrieben wird. Dillenburg liegt rund 30 km nordwestlich von Gießen in Hessen. Den Antrieb des Modells stellen Niederschlagsdaten dar, die an der Messstation Frechenhausen, etwa 12 km nordwestlich des Pegels, aufgezeichnet worden sind (Rechtswert: 3460200, Hochwert: 5630620). Sowohl der Pegel als auch die Niederschlagsmessstation werden vom Regierungspräsidium Gießen betrieben. Die Daten wurden vom Hessischen Landesamt für Umwelt und Geologie zur Verfügung gestellt. Im vorliegenden Fall wird mit einer zeitlichen Auflösung von einem Tag gearbeitet: Der Abfluss ist als Tagesmittelwert in der Einheit 1 m³/s und der Niederschlag als Tagessumme in der Einheit 1 mm/d angegeben.

► **Übung 3: Beobachtungsdaten** 3.1 Legen Sie in Ihrer Datei „N-A-Modell.xlsx" ein neues Tabellenblatt namens „Daten" an.

► 3.2 Öffnen Sie die Datei „Dietzhoelze.xlsx" unter http://www.springer.com/978-3-642-54094-3. Übertragen Sie die Niederschlags- und Abflusswerte für das hydrologische Sommerhalbjahr 2012, d. h. vom 1. Mai bis zum 31. Oktober 2012, in das Tabellenblatt „Daten" der Datei „N-A-Modell.xlsx" (Abb. 2.9).

► 3.3 Die gemessenen und berechneten Abflusswerte sollen ebenso wie der Niederschlag in der Einheit 1 mm/d angegeben werden. Rechnen Sie die Abflussmesswerte entsprechend um (Lösung im Anhang).

⩘	A	B	C	D	E
1	**Einzugsgebiet der Dietzhölze**				
2	Datenquelle: Hessisches Landesamt für Umwelt und Geologie				
3					
4	Datum	Niederschlag (mm/d)	Abfluss (m³/s)		
5	01.05.12	0,49	0,46		
6	02.05.12	6,03	0,63		
7	03.05.12	0,00	0,55		
8	04.05.12	2,66	0,51		
9	05.05.12	6,05	0,69		
10	06.05.12	4,73	0,77		
11	07.05.12	0,00	0,72		

Abb. 2.9 Tabelle mit den gemessenen Niederschlags- und Abflusswerten

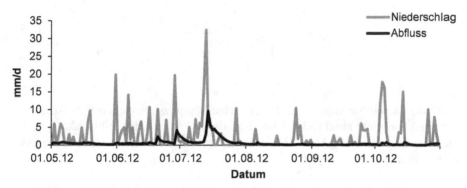

Abb. 2.10 Gemessener Niederschlag und Abfluss

3.4 Erstellen Sie ein Diagramm, das Niederschlag und Abfluss zeigt (Abb. 2.10). Welche Rückschlüsse auf die Abflussbildung können aus dieser Darstellung gezogen werden?

Der Abfluss ist im Vergleich zum Niederschlag gering. Dies ist in erster Linie auf die hohe Evapotranspiration im Sommerhalbjahr zurückzuführen. Der Anstieg zu den Abflussmaxima ist steil. Dies zeigt, dass schnelle Abflusskomponenten, d. h. Oberflächen- und Zwischenabfluss, wesentlich zum Gesamtabfluss beitragen. Das Abklingen der Abflussspitzen dagegen erfolgt langsam, so wie man es durch den Beitrag des Basisabflusses erwartet. Gut zu erkennen ist auch, dass die Abflussmaxima mit einer gewissen Zeitverzögerung auf die Niederschlagsmaxima folgen. Diese Verzögerung, die vor allem durch den Fluss des Wassers im Gerinnenetz des Einzugsgebiets bis zum Einzugsgebietsauslass verursacht wird, muss auch im Modell berücksichtigt werden.

2.3.2 Evapotranspiration

Unter hiesigen Verhältnissen gelangen durch die Evapotranspiration (ET) im Mittel mehr als 60 % des Freilandniederschlags in die Atmosphäre zurück. Davon wiederum entfällt mehr als die Hälfte auf die Transpiration der Pflanzen (Wohlrab et al. 1992, S. 59).

Bei der rechnerischen Abschätzung der ET ist einerseits zu beachten, dass die Transpiration erst einsetzt, wenn der Boden einen gewissen Mindestwassergehalt aufweist. Dieser Wassergehalt wird als permanenter Welkepunkt bezeichnet. Andererseits kann die ET nicht beliebig groß werden. Bei niedrigem Bodenwassergehalt ist die ET also zunächst gering, nimmt dann, wenn der permanente Welkepunkt überschritten ist, durch das Einsetzen der Transpiration relativ stark zu und nähert sich schließlich einem Maximalwert an (Wohlrab et al., 1992, S. 78). Zur Beschreibung der ET wird daher die logistische Funktion

$$ET = \frac{ET_{\max}}{1 + \left(\dfrac{ET_{\max}}{ET_0} - 1\right) e^{-k_{ET}\, ET_{\max}\, V}} \tag{2.3}$$

gewählt. Lassen Sie sich durch das zunächst kompliziert erscheinende Aussehen der Funktion nicht abschrecken! Die logistische Funktion hat zahlreiche Anwendungen, da ihr Verlauf (Abb. 2.11) dazu geeignet ist, vielerlei Wachstumsprozesse zu beschreiben.

▶ **Übung 4: Logistische Funktion** 4.1 Legen Sie ein Tabellenblatt „ET" an und überschreiben Sie es mit „Evapotranspiration". Schreiben Sie in die Zellen A3 bis A5 die Bezeichnungen der drei Parameter der logistischen Funktion $ET_{\max}$, ET_0 und k_{ET}. In die Zellen B3 bis B5 werden die zugehörigen Werte eingetragen, z. B. 5, 0,1 und 0,1. Zu diesen Parameterwerten sind eigentlich Einheiten anzugeben; so lange nicht festgelegt ist, welche Einheiten Volumen und Zeit haben, ist dies aber nicht sinnvoll möglich. Daher wird auf die Angabe von Einheiten zunächst verzichtet.

▶ 4.2 Legen Sie eine Tabelle für die Berechnungen an. In die Spalte A kommt das zur Verfügung stehende Wasservolumen V. Geben Sie für V Werte von 0 bis 20 vor. Spalte B dient der Berechnung der Evapotranspiration und wird daher mit „ET" überschrieben.

▶ 4.3 Erstellen Sie die Excel-Formeln zur Berechnung der ET gemäß Gl. 2.3 (Lösung im Anhang).

▶ 4.4 Stellen Sie ET in Abhängigkeit von V grafisch dar (Abb. 2.11).

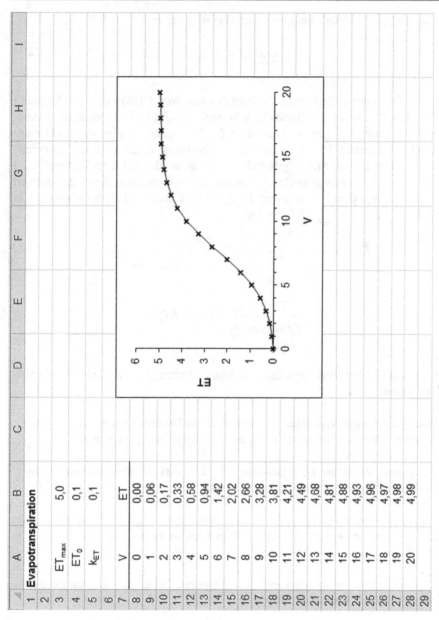

	A	B	C	D	E	F	G	H	I
1	**Evapotranspiration**								
2									
3	ET_{max}	5,0							
4	ET_0	0,1							
5	k_{ET}	0,1							
6									
7	V	ET							
8	0	0,00							
9	1	0,06							
10	2	0,17							
11	3	0,33							
12	4	0,58							
13	5	0,94							
14	6	1,42							
15	7	2,02							
16	8	2,66							
17	9	3,28							
18	10	3,81							
19	11	4,21							
20	12	4,49							
21	13	4,68							
22	14	4,81							
23	15	4,88							
24	16	4,93							
25	17	4,96							
26	18	4,97							
27	19	4,98							
28	20	4,99							
29									

Abb. 2.11 Logistische Funktion (Ergebnis von Übung 5)

Mit der logistischen Funktion ergibt sich korrekterweise

$$\lim_{V \to \infty} ET = ET_{max}. \tag{2.4}$$

Für $V=0$ aber nimmt die logistische Funktion den Wert $ET(0)=ET_0$ an. Dies stellt ein Problem dar: Wenn der Boden kein Wasser enthält ($V=0$), kommt die Evapotranspiration zum Erliegen, d. h., es muss $ET(0)=0$ gelten. Es ist aber nicht möglich, in Gl. 2.3 einfach $ET_0=0$ zu setzen. Wie also muss Gl. 2.3 modifiziert werden?

$ET(0)=0$ statt $ET(0)=ET_0$ ergibt sich, wenn man auf der rechten Seite von Gl. 2.3 ET_0 subtrahiert. Allerdings strebt die Funktion dann nicht mehr dem Maximalwert ET_{max} zu, sondern dem Maximalwert $ET_{max} - ET_0$. Daher wird zusätzlich überall in Gl. 2.3 ET_{max} durch $ET_{max} + ET_0$ ersetzt:

$$ET(V) = \frac{ET_{max} + ET_0}{1 + \left(\dfrac{ET_{max} + ET_0}{ET_0} - 1 \right) e^{-k_{ET}\,(ET_{max} + ET_0)V}} - ET_0 \tag{2.5}$$

$$= \frac{ET_{max} + ET_0}{1 + \dfrac{ET_{max}}{ET_0} e^{-k_{ET}\,(ET_{max} + ET_0)V}} - ET_0.$$

Diese Funktion hat nun die gewünschten Eigenschaften, wie Sie noch einmal nachprüfen sollten.

▶ **Übung 5: Evapotranspiration** 5.1 Ändern Sie die Berechnung der Evapotranspiration auf dem Tabellenblatt „ET" gemäß Gl. 2.5 (Lösung im Anhang).

▶ 5.2 Variieren Sie die Werte der Parameter ET_{max}, ET_0, und k_{ET} und beobachten Sie, wie sich die berechnete Evapotranspiration ändert.

Bei höheren Werten für k_{ET} kann es passieren, dass ET größer wird als V. Dies würde bedeuten, dass mehr Wasser aus dem Speicher entnommen wird, als sich in ihm befindet.

▶ 5.3 Beschränken Sie die berechnete Evapotranspiration so, dass ET maximal den Wert V annimmt (Lösung im Anhang).

2.3.3   Oberflächenabfluss

Für die Bildung von Oberflächenabfluss gibt es zwei unterschiedliche Ursachen:
- **Infiltrationsüberschuss**: Pro Zeit- und Flächeneinheit sammelt sich auf dem Boden mehr Regen- oder Schmelzwasser an, als pro Zeit- und Flächeneinheit in den Boden infiltrieren kann.

- **Sättigungsüberschuss**: Der Boden ist wassergesättigt und kann daher kein weiteres Wasser mehr aufnehmen.

Die Berechnung von Sättigungsüberschuss setzt voraus, dass der Bodenwasserhaushalt detaillierter nachgebildet wird, als dies im vorliegenden Fall geschehen soll. Nachfolgend wird daher allein der Infiltrationsüberschuss simuliert und auch dies nur dadurch, dass als zusätzlicher Modellparameter die maximale Infiltrationsrate an der Bodenoberfläche vorgegeben wird. Nicht berücksichtigt bleiben neben der Bodenfeuchte auch so wichtige Einflussgrößen wie die Hangneigung oder die Rauigkeit der Bodenoberfläche.

▶ **Übung 6: N-A-Modell** 6.1 Für die eigentlichen Berechnungen mit dem Modell und die Auswertung der Ergebnisse werden zwei weitere Tabellenblätter angelegt. Geben Sie diesen die Namen „Berechnung" und „Auswertung".

▶ 6.2 Legen Sie auf dem Tabellenblatt „Auswertung" in den Zellen A1 bis A7 eine Liste der Modellparameter an (Auslaufkoeffizienten k_1 und k_2, maximale Infiltrationsrate Inf_{max}, Parameter ET_{max}, ET_0 und k_{ET} zur Berechnung der Evapotranspiration sowie Abflussverzögerung dt). Schreiben Sie in die danebenliegenden Zellen B1 bis B7 Werte für die Parameter. In die Zellen C1 bis C7 kommen die zugehörigen Einheiten.

Niederschlag und Abfluss haben die Einheit $1\ mm/d = 1\ l/(m^2\ d)$ bzw. die Dimension Volumen/(Fläche · Zeit). Es bietet sich an, so auch die übrigen Wasserflüsse (Oberflächenabfluss, Evapotranspiration und die Abflüsse aus den beiden Speichern) anzugeben. Die in den beiden Speichern enthaltenen Wassermengen werden im vorliegenden Fall in der Einheit 1 mm angegeben, d. h. als die Wassermenge in Litern über einer Grundfläche von einem Quadratmeter. Über die tatsächlich im Boden gespeicherte Wassermenge ist damit nichts ausgesagt, da unbekannt ist, wie ausgedehnt die Speicher sind.

Gemäß Gl. 2.2 sind die Auslaufkoeffizienten k_1 und k_2 dann in der Einheit 1/d anzugeben. Die maximale Infiltrationsrate Inf_{max} und die Parameter ET_{max} und ET_0 müssen die Einheit 1 mm/d besitzen. Für den Parameter k_{ET} ergibt sich die Einheit aus der Forderung, dass im Exponenten der Exponentialfunktion in Gl. 2.5 ein reiner Zahlenwert stehen muss, zu $1\ d/mm^2$. Der Parameter dt schließlich hat die Einheit 1 d (Abb. 2.12).

▶ 6.3 Auf dem Tabellenblatt „Berechnung" werden die Berechnungen zur Ermittlung des Abflusses durchgeführt. Legen Sie dazu zunächst das Grundgerüst der folgenden Tabelle an (Abb. 2.13): Die Zeile 1 nimmt die Spaltenüberschriften auf. In Spalte A steht das Datum, im vorliegenden Fall vom 01.05.12 bis zum 31.10.12. In Spalte B wird der Oberflächenabfluss O berechnet, in Spalte C das Wasservolumen $V1$ im oberen Speicher, in Spalte D die Evapotranspiration ET, in Spalte E der Abfluss $A1$ aus dem oberen Speicher, in Spalte F das Wasservolumen $V2$ im unteren Speicher, in Spalte G der Abfluss $A2$ aus dem unteren Speicher, in Spalte H die Summe $O + A2$ aus Oberflächen- und Basisabfluss und in Spalte I der zeitverzögerte Abfluss, der mit dem gemessenen Abfluss am Einzugsgebietsauslass zu vergleichen sein wird.

▲	A	B	C	D	E	F	G
1	k_1	0,20	1/d				
2	k_2	0,20	1/d				
3	Inf_{max}	20,00	mm/d				
4	ET_{max}	5,00	mm/d				
5	ET_0	1,00	mm/d				
6	k_{ET}	0,10	d/mm^2				
7	dt	0	d				
8							

Abb. 2.12 Parameterliste auf dem Tabellenblatt „Auswertung"

▶ 6.4 Erstellen Sie nun die Excel-Formeln zur Berechnung der Größen in den Spalten
B bis H (Lösung im Anhang):

- Spalte B: Oberflächenabfluss O entsteht nur, wenn der Niederschlag N größer als
  die maximale Infiltrationsrate Inf_{max} ist und beläuft sich dann auf $N - Inf_{max}$.
- Spalte C: Die Differenz zwischen Niederschlag N und Oberflächenabfluss O
  füllt den oberen Speicher. Im ersten Zeitschritt wird $V1 = N - O$ gesetzt. In den
  weiteren Zeitschritten gilt in Abwandlung von Gl. 2.1: Volumen im aktuellen
  Zeitschritt = Volumen im vorangehenden Zeitschritt – Evapotranspiration im
  vorangehenden Zeitschritt – Abfluss im vorangehenden Zeitschritt + Zufluss im
  aktuellen Zeitschritt, wobei letzterer die Differenz zwischen Niederschlag und
  Oberflächenabfluss im aktuellen Zeitschritt ist: $V1_i = V1_{i-1} - ET_{i-1} - A1_{i-1} + N_i - O_i$.
- Spalte D: Die Evapotranspiration ET wird gemäß Gl. 2.5 berechnet.
- Spalte E: Der Abfluss $A1$ aus dem oberen Speicher wird gemäß Gl. 2.2 berechnet.
- Spalte F: Der Abfluss $A1$ aus dem oberen Speicher füllt den unteren Speicher. Im
  ersten Zeitschritt wird $V2 = A1$ gesetzt. In den weiteren Zeitschritten gilt gemäß
  Gl. 2.1: Volumen im aktuellen Zeitschritt = Volumen im vorangehenden Zeitschritt – Abfluss im vorangehenden Zeitschritt + Zufluss im aktuellen Zeitschritt,
  wobei letzterer der Abfluss $A1$ aus dem oberen Speicher im aktuellen Zeitschritt
  ist: $V2_i = V2_{i-1} - A2_{i-1} + A1_i$.
- Spalte G: Der Abfluss $A2$ aus dem unteren Speicher wird gemäß Gl. 2.2 berechnet.
- Spalte H: Oberflächenabfluss O und Abfluss $A2$ aus dem unteren Speicher werden zum Gesamtabfluss addiert.

▶ 6.5 Um eine Verzögerung des Abflusses um die Anzahl von Tagen zu bewirken, die
auf dem Tabellenblatt „Auswertung" in der Zelle B7 angegeben ist (Parameter dt),
geben Sie auf dem Tabellenblatt „Berechnung" in die Zelle I2 den folgenden Ausdruck ein:

=WENN(ZEILE() – Auswertung!B$7 > 1;BEREICH.VERSCHIEBEN(H2; –1*Auswer-
tung!B$7;0);H2).

Diese Formel kann in die darunterliegenden Zellen kopiert werden. Das Ergebnis
ist in Abb. 2.14 gezeigt.

	A	B	C	D	E	F	G	H	I
1	Datum	O (mm/d)	V1 (mm)	ET (mm/d)	A1 (mm/d)	V2 (mm)	A2 (mm/d)	O+A2 (mm/d)	Abfluss (mm/d)
2	01.05.12								
3	02.05.12								
4	03.05.12								
5	04.05.12								
6	05.05.12								
7	06.05.12								
8	07.05.12								
9	08.05.12								
10	09.05.12								
11	10.05.12								

Abb. 2.13 Grundgerüst der Tabelle auf dem Tabellenblatt „Berechnung"

▶ 6.6 Erstellen Sie auf dem Tabellenblatt „Auswertung" ein Diagramm mit den Gang-
linien des gemessenen und des berechneten Abflusses.

2.4 Anwendung

2.4.1 Kalibrierung

Da das Modell die Realität stark abstrahiert wiedergibt, sind seine Parameter keine
Größen, die messbar wären. Die Parameterwerte müssen vielmehr durch eine Modellkalibrierung bestimmt werden. Dabei werden die Werte der Parameter innerhalb
vertretbarer Grenzen so lange variiert, bis eine ausreichend erscheinende Übereinstimmung zwischen der Modellausgabe und entsprechenden Messwerten erzielt ist.
Im vorliegenden Fall ist die Modellausgabe eine berechnete Abflusszeitreihe, die
mit der entsprechenden Zeitreihe von Messwerten zu vergleichen ist. Es werden die
in Tab. 2.1 aufgeführten Bezeichnungen verwendet.

Um die Übereinstimmung zwischen berechneten und gemessenen Werten zu er-
fassen, wird eine sogenannte **Zielfunktion** verwendet. Je nach Formulierung ist
diese im Rahmen der Kalibrierung zu minimieren oder zu maximieren. Im Folgenden werden einige gebräuchliche Zielfunktionen aufgeführt:

Mittlere absolute Abweichung

$$MAA = \frac{1}{n} \sum_{i=1}^{n} |y_i' - y_i| \qquad (2.6)$$

Wertebereich: $[0; \infty]$

Die Betragsstriche sind notwendig, um zu verhindern, dass sich positive und
negative Abweichungen zwischen den gemessenen und berechneten Abflusswerten
gegenseitig aufheben.

Mittlere quadrierte Abweichung

$$MQA = \frac{1}{n} \sum_{i=1}^{n} (y_i' - y_i)^2 \qquad (2.7)$$

Wertebereich: $[0; \infty]$

Tab. 2.1 Verwendete Bezeichnungen

	Einzelwerte	Mittelwert
Gemessener Abfluss	y_i	$\bar{y}$
Berechneter Abfluss	y_i'	$\bar{y}'$

	A	B	C	D	E	F	G	H	I
	Datum	O (mm/d)	V1 (mm)	ET (mm/d)	A1 (mm/d)	V2 (mm)	A2 (mm/d)	O+A2 (mm/d)	Abfluss (mm/d)
2	01.05.12	0,00	0,49	0,27	0,04	0,04	0,01	0,01	0,01
3	02.05.12	0,00	6,21	4,35	0,37	0,41	0,08	0,08	0,01
4	03.05.12	0,00	1,48	0,96	0,10	0,43	0,09	0,09	0,08
5	04.05.12	0,00	3,07	2,35	0,14	0,49	0,10	0,10	0,09
6	05.05.12	0,00	6,63	4,49	0,43	0,82	0,16	0,16	0,10
7	06.05.12	0,00	6,44	4,43	0,40	1,06	0,21	0,21	0,16
8	07.05.12	0,00	1,61	1,07	0,11	0,95	0,19	0,19	0,21
9	08.05.12	0,00	0,46	0,25	0,04	0,81	0,16	0,16	0,19
10	09.05.12	0,00	3,26	2,51	0,15	0,79	0,16	0,16	0,16
11	10.05.12	0,00	0,60	0,33	0,05	0,60	0,14	0,14	0,16

Abb. 2.14 Tabelle mit berechneten Werten

Dadurch, dass die Abweichungen quadriert werden, fallen große Abweichungen im Vergleich zu kleineren überproportional ins Gewicht. Große Abweichungen entstehen aber normalerweise dort, wo die Absolutwerte des Abflusses hoch sind. Eine Minimierung der mittleren quadrierten Abweichung führt daher vorrangig zu einer guten Anpassung des N-A-Modells hinsichtlich Abflussspitzen.

Nash-Sutcliffe-Effizienz Die Nash-Sutcliffe-Effizienz NSE (Nash und Sutcliffe 1970) ist in der Hydrologie als Zielfunktion weitverbreitet. Sie ergibt sich aus der mittleren quadrierten Abweichung MQA der berechneten von den gemessenen Abflusswerten, indem man diese ins Verhältnis setzt zur mittleren quadrierten Abweichung der gemessenen Abflusswerte von ihrem Mittelwert. Dieser Quotient wird von 1 subtrahiert, sodass sich bei perfekter Übereinstimmung der Modellausgabe mit den Beobachtungswerten $NSE = 1$ ergibt:

$$NSE = 1 - \frac{\sum_{i=1}^{n} (y_i' - y_i)^2}{\sum_{i=1}^{n} (y_i - \overline{y})^2} \tag{2.8}$$

Wertebereich: $[-\infty; 1]$

Für $y_i' = \overline{y}$ ist $NSE = 0$, d. h. bei einer Nash-Sutcliffe-Effizienz von null kann man auf die Berechnung von Abflusswerten y_i' verzichten und stattdessen einen konstanten Abfluss in Höhe des Mittelwertes $\overline{y}$ der Messwerte ansetzen.

Korrelation

$$r = \frac{\sum_{i=1}^{n} (y_i - \overline{y})(y_i' - \overline{y}')}{\sqrt{\sum_{i=1}^{n} (y_i - \overline{y})^2 \sum_{i=1}^{n} (y_i' - \overline{y}')^2}} \tag{2.9}$$

Wertebereich: $[-1; +1]$

Aus dem Korrelationskoeffizienten r abgeleitet ist das **Bestimmtheitsmaß** r^2 mit dem Wertebereich [0; 1]. Der Korrelationskoeffizient – und damit auch das Bestimmtheitsmaß – ist in der Niederschlag-Abfluss-Modellierung als Zielfunktion wenig geeignet. Da in seine Berechnung die Abweichung $y_i' - y_i$ der berechneten von den gemessenen Werten nicht eingeht, kann diese beliebig große Werte annehmen, ohne dass dies an r abzulesen wäre. Es sei beispielsweise angenommen, dass die berechneten und gemessenen Werte perfekt übereinstimmen, sodass $r = 1$ ist. Dann werden sämtliche berechneten Werte um einen festen Betrag $\Delta y'$ geändert: Aus y_i' wird $y_i' + \Delta y'$ und der Mittelwert des berechneten Wertes damit $\overline{y}' + \Delta y'$. Dann wird aus den Termen $y_i' - \overline{y}'$ in Gl. 2.9 aber

	A	B	C	D	E	F	G
1	k_1	0,20	1/d	MQA		0,56	$(mm/d)^2$	
2	k_2	0,20	1/d	NSE		0,51	
3	Inf_{max}	20,00	mm/d	MAA		0,43	mm/d	
4	ET_{max}	5,00	mm/d				
5	ET_0	1,00	mm/d	mittlerer Abfluss (mm/d):			
6	k_{ET}	0,10	d/mm^2	gemessen		0,70	
7	dt	1	d	berechnet		0,50	
8							

Abb. 2.15 Vorgegebene Parameterwerte und berechnete Zielfunktionswerte auf dem Tabellenblatt „Auswertung"

$$y_i' + \Delta y' - (\overline{y}' + \Delta y') = y_i' - \overline{y}',$$

d. h., sie bleiben unverändert, und es ändert sich damit nichts am Wert von r, so groß $\Delta y'$ auch sein mag.

Die Minimierung oder Maximierung der Zielfunktion kann „von Hand" erfolgen: Zunächst werden Parameterwerte geändert, dann lässt man das Modell laufen, und schließlich ermittelt man aus den berechneten und gemessenen Werten der Ausgabevariablen einen Wert der Zielfunktion. Dieser Prozess wird wieder und wieder durchlaufen, bis der Modellanwender mit dem Ergebnis zufrieden ist. Da dieses Vorgehen äußerst aufwendig werden kann, wurden zahlreiche Algorithmen entwickelt, um Zielfunktionen automatisch zu optimieren. Ein solcher Algorithmus ist auch in Excel implementiert (Stichwort „Solver"), wird hier jedoch nicht näher erläutert, da der Einsteiger in die hydrologische Modellierung sich zunächst einen unmittelbaren Eindruck davon verschaffen sollte, was Kalibrierung bedeutet, indem er sie selbst manuell durchführt.

▶ **Übung 7: Kalibrierung** 7.1 Berechnen Sie auf dem Tabellenblatt „Auswertung" die Werte der folgenden Zielfunktionen (Abb. 2.15):
- mittlere quadrierte Abweichung MQA
- Nash-Sutcliffe-Effizienz NSE
- mittlere absolute Abweichung MAA

Weisen Sie außerdem die Mittelwerte des gemessenen und des berechneten Abflusses aus (Lösung im Anhang).

▶ 7.2 Führen Sie eine Modellkalibrierung durch. Zielfunktion: mittlere quadrierte Abweichung bzw. Nash-Sutcliffe-Effizienz (Lösung im Anhang).

Besonders markant tritt im betrachteten Zeitraum die Abflussspitze Mitte Juli hervor. Sie bestimmt die Anpassung des Modells an die Messwerte (Abb. 2.16). Die Minimierung der mittleren quadrierten Abweichung bzw. die Maximierung der

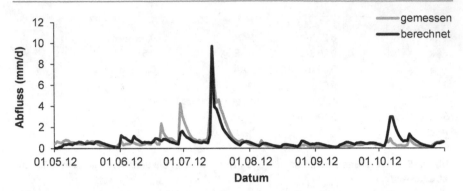

Abb. 2.16 Gemessener und berechneter Abfluss nach der Kalibrierung

Nash-Sutcliffe-Effizienz führt dazu, dass dieses Abflussereignis sehr gut nachgebildet wird. Die beiden niedrigeren Abflussmaxima Ende Juni/Anfang Juli werden dagegen nicht treffend wiedergegeben. Ferner wird Anfang Oktober eine Abflussspitze berechnet, die so nicht beobachtet wurde. Im Mittel stimmen berechneter und gemessener Abfluss dennoch gut überein, und es lässt sich mit 0,73 ein vergleichsweise hoher Wert für die NSE erzielen.

2.4.2 Validierung

Hat ein Modell nur genügend Parameter und damit „Stellschrauben", so kann durch die Kalibrierung immer ein gutes Ergebnis erzielt werden, es sei denn, das Modell weist grobe Unzulänglichkeiten in der Prozessbeschreibung auf. Bei der Validierung wird das Modell ohne erneute Kalibrierung auf einen anderen Zeitraum als den der Kalibrierung angewendet, um zu sehen, ob es auch unter veränderten Randbedingungen funktioniert.

▶ **Übung 8: Validierung und erneute Kalibrierung** 8.1 Speichern Sie Ihre Datei „N-A-Modell.xlsx" ab, da sie in der vorliegenden Form im Abschn. 2.4.3 noch einmal gebraucht wird!

▶ 8.2 Öffnen Sie die Datei „Dietzhoelze.xlsx" unter http://www.springer.com/978-3-642-54094-3. Übertragen Sie die Niederschlags- und Abflusswerte für das hydrologische Winterhalbjahr 2011/2012, d. h. vom 1. November 2011 bis zum 30. April 2012, in das Tabellenblatt „Daten" der Datei „N-A-Modell.xlsx"! Dieser Zeitraum ist zwei Tage kürzer als der zuvor betrachtete. Daher müssen die Zeilen 187 und 188 auf dem Tabellenblatt „Daten" und die Zeilen 184 und 185 auf dem Tabellenblatt „Berechnung" gelöscht werden.

Das Ergebnis zeigt deutlich, dass eine Übertragung des für das Sommerhalbjahr kalibrierten Modells auf das Winterhalbjahr nicht sinnvoll möglich ist (Abb. 2.17).

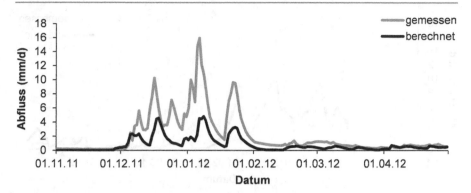

Abb. 2.17 Validierung für das hydrologische Winterhalbjahr 2011/2012

Der Grund: Nach der Kalibrierung für das Sommerhalbjahr berechnet das Modell eine Evapotranspiration, die für das Winterhalbjahr viel zu hoch ist, sodass insgesamt zu wenig Abfluss entsteht.

Wir berühren hier ein grundlegendes Problem der Modellierung. Hydrologische Modelle können ebenso wie etwa Klima- oder Pflanzenwachstumsmodelle nur für Zeiträume der Vergangenheit kalibriert werden. Wenn nun aber beispielsweise Aussagen über den Klimawandel und seine Folgen gemacht werden sollen: Können diese Modelle ohne Weiteres auf Zeiträume mit veränderten Randbedingungen wie einem erhöhten CO_2-Gehalt der Atmosphäre und daraus resultierenden Änderungen der Lufttemperatur und des Niederschlags angewendet werden?

▶ 8.3 Kalibrieren Sie das Modell erneut, diesmal für den Zeitraum des Winterhalbjahres 2011/2012. Zielfunktion: mittlere quadrierte Abweichung bzw. Nash-Sutcliffe-Effizienz (Lösung im Anhang).

Vor allem der geringe Wert des Parameters ET_{max}, der sich bei der neuen Kalibrierung ergibt, spiegelt die reduzierte Bedeutung der Evapotranspiration wider. Bemerkenswert ist, dass keinerlei Oberflächenabfluss simuliert wird. Dafür sorgt der hohe Wert des Parameters Inf_{max}. Möglicherweise liegt das Problem darin, dass das Modell die Entstehung von Oberflächenabfluss durch Sättigungsüberschuss nicht nachzubilden vermag (Abschn. 2.3.3). Normalerweise kann außerhalb der Vegetationsperiode eher mit einem höheren Oberflächenabfluss gerechnet werden als im Sommerhalbjahr.

Die mittlere quadrierte Abweichung der gemessenen von den berechneten Abflusswerten ist größer als bei der Kalibrierung für das Sommerhalbjahr. Die Varianz des gemessenen Abflusses ist aber ebenfalls deutlich höher, sodass die Nash-Sutcliffe-Effizienz den Wert 0,82 annimmt.

In Abb. 2.18 sind der gemessene und der berechnete Abfluss grafisch dargestellt.

▶ 8.4 Kalibrieren Sie das Modell erneut, dieses Mal anhand der Zielfunktion MAA (Lösung im Anhang).

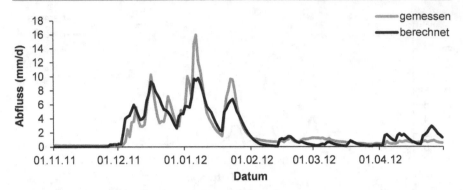

Abb. 2.18 Gemessener und berechneter Abfluss nach der Kalibrierung, Zielfunktion MQA

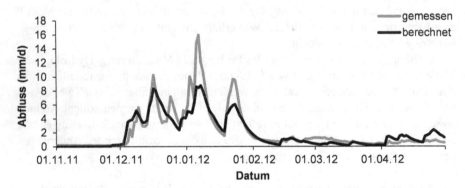

Abb. 2.19 Gemessener und berechneter Abfluss nach der Kalibrierung, Zielfunktion MAA

Abbildung 2.19 zeigt, wie sich die Verwendung der Zielfunktion MAA auswirkt: Bei genauerem Hinsehen erkennt man, dass die berechneten Abflussspitzen etwas niedriger sind als bei Verwendung der Zielfunktion MQA, dafür aber die Anpassung des Modells bei niedrigen Abflüssen besser ist.

▶ 8.5 Öffnen Sie die Datei „Dietzhoelze.xlsx" unter http://www.springer.com/978-3-642-54094-3. Übertragen Sie die Niederschlags- und Abflusswerte für das hydrologische Winterhalbjahr 2010/2011, d. h. vom 1. November 2010 bis zum 30. April 2011, in das Tabellenblatt „Daten" der Datei „N-A-Modell.xlsx". Dieser Zeitraum ist um einen Tag kürzer als der zuvor betrachtete. Daher müssen die Zeilen 186 auf dem Tabellenblatt „Daten" und 183 auf dem Tabellenblatt „Berechnung" gelöscht werden.

Wieder ergibt die Validierung, dass das Modell nicht übertragbar ist. Die Nash-Sutcliffe-Effizienz sinkt auf weniger als 0,4. Der Grund ist eine unzureichende Prozessbeschreibung. Das Hochwasser Anfang 2011 (Abb. 2.20) wurde wesentlich

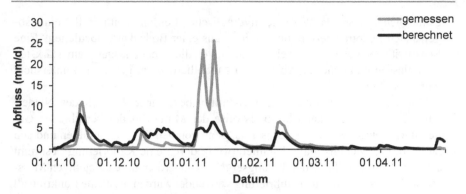

Abb. 2.20 Validierung für das hydrologische Winterhalbjahr 2010/2011

durch Schneeschmelze verursacht. Dies aber ist ein Prozess, der im vorliegenden Modell nicht nachgebildet wird.

Insgesamt zeigt die Validierung deutliche Mängel des Modells auf. Das Modell lässt sich zwar mit gutem Ergebnis kalibrieren, aber es erweist sich als nicht übertragbar, da wesentliche Prozesse nicht oder nicht adäquat nachgebildet werden.

2.4.3   Sensitivitätsanalyse

Bei einem Modellierungsprojekt muss man mit begrenzten Ressourcen auskommen: mit begrenzten Geldmitteln, begrenzter Arbeitskraft und begrenzter Zeit. Daher muss man bestrebt sein, das Projekt möglichst effizient durchzuführen. Hierbei hilft die Sensitivitätsanalyse:

- Im Landschaftswasserhaushalt wirken zahlreiche Prozesse zusammen. Ein Modell, mit dem diese Prozesse möglichst vollständig und räumlich differenziert nachgebildet werden sollen, beinhaltet zwangsläufig sehr viele Parameter. Es ist weder technisch praktikabel noch sinnvoll, alle diese Parameter in die Kalibrierung mit einzubeziehen. Insbesondere ist es ineffizient, solche Parameter optimieren zu wollen, deren Werte sich nur wenig auf das Modellierungsergebnis auswirken. Eine Sensitivitätsanalyse kann hier wertvolle Entscheidungshilfe leisten.
- Parameterwerte durch Kalibrierung zu ermitteln, ist lediglich ein Notbehelf. Besser ist es, wenn die Parameterwerte auf der Grundlage unabhängiger Messungen bestimmt werden können. Der Landschaftswasserhaushalt beispielsweise wird durch Bodeneigenschaften wie die hydraulische Leitfähigkeit bei Sättigung geprägt. Die hydraulische Leitfähigkeit lässt sich im Labor anhand von Durchflussversuchen an Bodenproben bestimmen. Sie kann jedoch kleinräumig sehr stark variieren. Eine einzige Messung an nur einer Bodenprobe ist noch nicht sehr aussagekräftig. Wie viele Bodenproben können genommen und analysiert werden? Ist der Aufwand, der mit diesen Analysen verbunden ist, gerechtfertigt? Reicht

es möglicherweise aus, Werte der hydraulischen Leitfähigkeit mithilfe einer sogenannten Pedotransferfunktion indirekt aus einer Bodenkarte abzuleiten? Eine Sensitivitätsanalyse zeigt, welche Parameter die Modellausgabe am stärksten beeinflussen und daher im Vorfeld der Modellierung am genauesten untersucht werden sollten.

Die Modellausgabe wird im Folgenden mit y bezeichnet. Im Fall des Niederschlag-Abfluss-Modells kann beispielsweise der Mittelwert des berechneten Gerinneabfluss betrachtet werden. Dieser hängt ab von den Eingabevariablen und den Parametern des Modells. Falls Parameterwerte durch eine Kalibrierung bestimmt worden sind, so wird das Modellierungsergebnis außerdem durch diejenigen Messwerte beeinflusst, die für die Kalibrierung verwendet wurden. y ist eine Funktion all dieser Größen, die nachfolgend mit x_1 bis x_n bezeichnet werden:

$$y = f(x_1, ..., x_n).$$

Es geht nun darum zu bestimmen, wie stark sich Änderungen der Größen x_1 bis x_n auf das Modellergebnis y auswirken. Mathematisch wird die Abhängigkeit der Variablen y von der Größe x_i ($i = 1, ..., n$) durch die partielle Ableitung $\partial y / \partial x_i$ ausgedrückt. Im Fall hydrologischer Modelle ist es jedoch in der Regel nicht möglich, partielle Ableitungen zu berechnen. Sie werden stattdessen durch Differenzenquotienten angenähert, etwa in der folgenden Form:

$$\frac{\partial y}{\partial x_i} \approx \frac{f(x_1, ..., x_i + \Delta x_i, ..., x_n) - f(x_1, ..., x_i - \Delta x_i, ..., x_n)}{2 \, \Delta x_i}. \qquad (2.10)$$

x_i wird also zunächst um Δx_i erhöht. Ein Modelllauf liefert als Ausgabe $f(x_1, ..., x_i + \Delta x_i, ..., x_n)$. Dann wird x_i um Δx_i reduziert. Ein weiterer Modelllauf liefert $f(x_1, ..., x_i - \Delta x_i, ..., x_n)$. Die Division der Differenz der beiden Ergebnisse durch $2 \, \Delta x_i$ liefert dann den Quotienten auf der rechten Seite der Beziehung 2.10. Dieser Quotient ist ein Maß dafür, wie stark sich Änderungen bzw. Unsicherheiten bzw. Fehler der Größe x_i auf die Modellausgabe $y = f(x_1, ..., x_n)$ auswirken.

Allerdings ist es so noch nicht möglich, die Ergebnisse für unterschiedliche Größen zu vergleichen: Je nach Einheit der Größen hat auch der Differenzenquotient unterschiedliche Einheiten. Eine dimensionslose Größe, d. h. eine Größe ohne Einheit, ergibt sich, wenn man statt der absoluten Änderungen von y und x_i ihre relativen Änderungen zueinander ins Verhältnis setzt. Es ergibt sich der **Sensitivitätsindex**

$$S(y \mid x_i) = \frac{\left[f(x_1, ..., x_i + \Delta x_i, ..., x_n) - f(x_1, ..., x_i - \Delta x_i, ..., x_n) \right] / f(x_1, ..., x_i, ..., x_n)}{2 \, \Delta x_i / x_i}.$$

$$(2.11)$$

S steht bei dieser Notation für „Sensitivitätsindex", das erste Symbol in der Klammer (hier y) für die betrachtete Ausgabegröße und das zweite Symbol (hier x_i) für die variable Eingabegröße, deren Wirkung zu untersuchen war. Je größer der Betrag des Index ist, desto stärker beeinflusst die Größe x_i das Modellierungsergebnis. Das Vorzeichen des Index gibt dabei an, ob die Änderung des Modellierungsergebnisses y gleich- oder gegensinnig zu der von x_i verläuft.

Ein Beispiel soll dies nun erläutern: In Abschn. 2.4.1 ist das Modell anhand des gemessenen Abflusses im Sommerhalbjahr 2012 hinsichtlich der Zielfunktion NSE kalibriert worden. Als Mittelwert des berechneten Abflusses ergab sich $\bar{y}' = 0{,}69$ mm/d. Für den Parameter k_1 ist dabei der Wert 0,30 d^{-1} ermittelt worden. Dieser Parameterwert wird nun zunächst um 10 % auf 0,33 d^{-1} erhöht ($\Delta k_1 = 0{,}03$ d^{-1}). Mit dem Modell errechnet sich ein mittlerer Abfluss von 0,74 mm/d. Dann wird der Parameterwert um 10 % auf 0,27 d^{-1} reduziert. Der mittlere Abfluss sinkt auf 0,65 mm/d. Bei einer relativen Änderung des Parameterwertes um insgesamt 20 % = 0,20 ergibt sich also eine relative Änderung des mittleren Abflusses um

$$\frac{0{,}74\ \text{mm/d} - 0{,}65\ \text{mm/d}}{0{,}69\ \text{mm/d}} = 0{,}13.$$

Damit ist der Sensitivitätsindex

$$S(\bar{y}' \mid k_1) = \frac{0{,}13}{0{,}20} = 0{,}65.$$

Da dieser Wert des Sensitivitätsindex das Verhältnis der relativen Änderung des mittleren berechneten Abflusses $\bar{y}'$ zur relativen Änderung des Parameters k_1 darstellt, bedeutet dies: Eine relative Änderung von k_1 um x % lässt eine relative Änderung von $\bar{y}'$ um $0{,}65 \cdot$ x % erwarten.

▶ **Übung 9: Sensitivitätsanalyse** 9.1 Berechnen Sie die Sensitivitätsindizes für die übrigen Parameter des Modells, indem Sie die Parameterwerte ebenfalls jeweils um 10 % erhöhen und reduzieren. Eine Ausnahme muss beim Parameter dt gemacht werden. Da dieser nur ganzzahlige Werte annehmen kann, wird er von 0 bis 2 d variiert. Welcher Parameter hat den stärksten Einfluss auf den mittleren Abfluss $\bar{y}'$ und sollte daher vorrangig beachtet werden, wenn $\bar{y}'$ die Zielgröße ist? Welcher Parameter ist in dieser Hinsicht dagegen weitgehend ohne Bedeutung (Lösung im Anhang)?

▶ 9.2 Überlegen Sie sich, ob Ihnen Betrag und Vorzeichen der Sensitivitätsindizes von Ihrem Verständnis des Modells her plausibel erscheinen.

▶ 9.3 Leiten Sie aus dem entsprechenden Sensitivitätsindex ab, auf welchen Wert der Parameter ET_{max} angehoben werden muss, um die Mittelwerte des gemessenen und berechneten Abflusses in Übereinstimmung zu bringen (Lösung im Anhang).

Beachten Sie, dass die Werte des Sensitivitätsindex abhängig von der Ausgangssituation sind! Ausgehend von der Kalibrierung für das Winterhalbjahr 2011/2012

(Abschn. 2.4.2) ergibt sich beispielsweise $S(\bar{y}' \mid Inf_{max}) = 0$, da keinerlei Oberflächenabfluss durch Infiltrationsüberschuss simuliert wird, und auch die Bedeutung der drei Parameter, welche die Evapotranspiration steuern, muss abnehmen, da die ET im Winterhalbjahr reduziert ist.

Literatur

Nash JE, Sutcliffe JE (1970) River flow forecasting through conceptual models, Part I: a discussion of principles. J Hydrol 10:282–290

Umweltbundesamt (2011) Wasserbilanz für Deutschland. http://www.umweltbundesamt-daten-zur-umwelt.de/umweltdaten/public/document/downloadImage.do?ident=17536. Zugegriffen: Jan. 2013

Wohlrab B, Ernstberger H, Meuser A, Sokollek V (1992) Landschaftswasserhaushalt. Parey, Hamburg

Grundwasserströmungsmodell

3.1 Grundlagen

3.1.1 Darcy-Gesetz

Grundlegend für die Beschreibung der Grundwasserströmung sind die Erkenntnisse, die Henry Darcy Mitte des 19. Jahrhunderts aus Durchflussversuchen an Sandsäulen gewonnen hat und die sich auf Bodenproben übertragen lassen. Abbildung 3.1 zeigt das Messprinzip. Links und rechts der Bodenprobe steht das Wasser unterschiedlich hoch. Dadurch kommt es zu einem Wasserstrom durch die Probe. Gesucht ist die Beziehung zwischen dem Durchfluss Q, den geometrischen Abmessungen der Bodenprobe (Länge L und Querschnitt A) und der Wasserspiegelhöhe h zu beiden Seiten der Probe. Q ist definiert als das pro Zeiteinheit Δt durch die Probe fließende Wasservolumen ΔV:

$$Q = \frac{\Delta V}{\Delta t}. \tag{3.1}$$

Ergebnis: Der Durchfluss Q ist proportional zur Differenz der Wasserstände zu beiden Seiten der Probe, proportional zum Querschnitt A sowie umgekehrt proportional zur durchflossenen Länge L:

$$Q = k_f A \frac{h(L) - h(0)}{L}$$

$$= -k_f A \frac{\Delta h}{L}. \tag{3.2}$$

Die Proportionalitätskonstante k_f wird als **Durchlässigkeitsbeiwert** oder k_f-**Wert** oder **hydraulische Leitfähigkeit** der Probe bezeichnet.

Ist $v_x = \Delta x / \Delta t$ die mittlere Strömungsgeschwindigkeit in x-Richtung, so legt das Wasser beim Durchströmen der Bodenprobe in der Zeit Δt die Strecke Δx zurück. In

K. Eckhardt, *Hydrologische Modellierung – Ein Einstieg mithilfe von Excel*,
DOI 10.1007/978-3-642-54095-0_3, © Springer-Verlag Berlin Heidelberg 2014

Abb. 3.1 Schema der
Durchflussversuche von
Henry Darcy

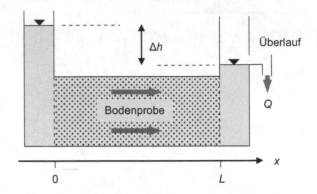

der Zeit Δt tritt aus dem Querschnitt A der Probe dann das Wasservolumen $\Delta V = A$ Δx aus. Nach Gl. 3.1 ist also

$$Q = \frac{A\Delta x}{\Delta t}$$

$$= Av_x. \tag{3.3}$$

Setzt man dies in Gl. 3.2 ein und dividiert auf beiden Seiten durch A, so ergibt sich

$$v_x = -k_f\,\frac{\Delta h}{L}. \tag{3.4}$$

Dies ist das **Darcy-Gesetz** in einer Raumdimension. Im Allgemeinen besitzt der Geschwindigkeitsvektor zwei weitere Komponenten, v_y und v_z, die sich analog berechnen.

3.1.2 Kontinuitätsgleichung

An der linken Seite der Bodenprobe in Abb. 3.1 tritt nach Gl. 3.3 im Zeitintervall Δt das Wasservolumen $Av_x(0)\,\Delta t$ ein. An der rechten Seite der Probe tritt im gleichen Zeitintervall das Wasservolumen $Av_x(L)\,\Delta t$ aus. Da das Prinzip der Massenerhaltung gilt, müssen die beiden Volumina gleich groß sein:

$$Av_x(L) - Av_x(0) = 0.$$

Hat man es nicht mit einer abgeschlossenen, durchgehend wassergesättigten Probe zu tun, sondern mit einem Volumenelement innerhalb eines Grundwasserleiters, so müssen zwei zusätzliche Phänomene berücksichtigt werden.

Erstens kann auf der Fließstrecke L Wasser von außen hinzugefügt oder nach außen abgeführt werden, z. B. durch Brunnen, über die Wasser infiltriert oder entnommen wird. Falls es solche **Quellen** oder **Senken** innerhalb des betrachteten Volumens gibt, muss die Differenz von ein- und ausströmendem Wasser gerade der Wassermenge V_q entsprechen, die im Zeitintervall Δt durch die Quellen und Senken hinzugefügt oder entnommen wird:

$$Av_x(L) - Av_x(0) = \frac{V_q}{\Delta t}.$$

Sämtliche Volumina in dieser Gleichung werden nun auf das durchflossene Bodenvolumen $A\,L$ bezogen, d. h., es wird durch $A\,L$ dividiert. Es ergibt sich

$$\frac{v_x(L) - v_x(0)}{L} = q \tag{3.5}$$

mit

$$q = \frac{V_q}{Bodenvolumen \cdot \Delta t}.$$

q erhält einen positiven Wert, wenn Wasser zugefügt, und einen negativen Wert, wenn Wasser entzogen wird.

Zweitens ist zu berücksichtigen, dass der Boden Wasser speichert.

Der Wasserstand in einem Grundwasserleiter wird ermittelt, indem man ein nach beiden Seiten offenes Rohr in den Boden einbringt. Der Wasserstand, der sich in dem Rohr einstellt, gibt, bezogen auf ein Referenzniveau (z. B. NN), die sogenannte **Standrohrspiegelhöhe** bzw. **Piezometerhöhe** an. Falls das Grundwasser durch eine undurchlässige Deckschicht gestaut wird, so steigt die Standrohrspiegelhöhe über das Niveau der oberen Begrenzung des Grundwasserleiters. Ein solcher Grundwasserleiter wird als **gespannt** bezeichnet. Nachfolgend wird, um die Erläuterungen zu vereinfachen, ein Grundwasserleiter mit **freier Oberfläche** betrachtet, bei dem dies nicht der Fall ist. Wasserspiegel im Grundwasserleiter und Standrohrspiegelhöhe stimmen dann überein.

Ein Anstieg der Standrohrspiegelhöhe h bedeutet $h(t+\Delta t) > h(t)$ bzw. $\Delta h = h(t+\Delta t) - h(t) > 0$. In dieser Situation nimmt freier Porenraum des Bodens Wasser auf. Dadurch wird der Grundwasserströmung im Zeitintervall Δt eine Wassermenge V_s entzogen. Ein Absinken der Standrohrspiegelhöhe h bedeutet $\Delta h = h(t+\Delta t) - h(t) < 0$. In dieser Situation wird aus dem Porenraum Wasser freigesetzt. Dadurch wird der Grundwasserströmung im Zeitintervall Δt eine Wassermenge V_s zugefügt. V_s und Δh sind proportional zueinander, haben aber entgegengesetztes Vorzeichen:

$$V_s \sim -\Delta h$$

bzw.

$$-\frac{V_s}{\Delta h} = const.$$

Um das Speichervermögen des Grundwasserleiters zu charakterisieren, wird diese Konstante nun noch auf das durchflossene Bodenvolumen bezogen. Die resultierende Größe ist der **spezifische Speicherkoeffizient** des Bodens:

$$S_s = -\frac{V_s}{Bodenvolumen \cdot \Delta h}. \qquad (3.6)$$

Der spezifische Speicherkoeffizient ist gemäß dieser Gleichung definiert als das Wasservolumen, das pro Volumeneinheit des Bodens aufgenommen/abgegeben wird, wenn h um eine Längeneinheit steigt/sinkt.

Multiplikation des spezifischen Speicherkoeffizienten mit $\Delta h / \Delta t$ ergibt die Rate, mit der Wasser im betrachteten Bodenvolumen gespeichert oder aus dem Speicher freigesetzt wird:

$$-S_s \frac{\Delta h}{\Delta t} = -\frac{V_s}{Bodenvolumen \cdot \Delta t}.$$

Dieser Ausdruck lässt sich nun mit denjenigen der Gl. 3.5 verrechnen: Im Zeitintervall Δt fließe mehr Wasser in das Volumenelement hinein als aus ihm heraus oder umgekehrt, d. h., es sei

$$\frac{v_x(L) - v_x(0)}{L} \neq 0.$$

Dies kann, wie erläutert, zwei Ursachen haben:
• Es existieren Quellen oder Senken ($q \neq 0$).
• Speicherraum wird gefüllt oder entleert ($S_s \, \Delta h / \Delta t \neq 0$).
Folglich gilt:

$$\frac{v_x(L) - v_x(0)}{L} = q - S_s \frac{\Delta h}{\Delta t}. \qquad (3.7)$$

Dies ist die **Kontinuitätsgleichung** bzw. **Bilanzgleichung** in einer Raumdimension. Im Allgemeinen müssen bei der Bilanzierung der ein- und ausströmenden Wassermengen auch die Durchflüsse in y- und z-Richtung berücksichtigt werden. In diesem Fall kommen zu dem Term auf der linken Seite der Gleichung additiv zwei weitere Quotienten hinzu.

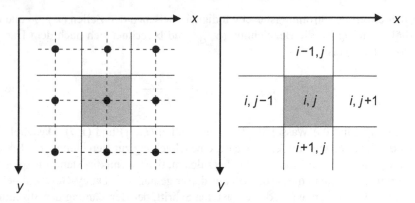

Abb. 3.2 Ausschnitt des Modellgitters und Nummerierung der Modellzellen mit Zeilen- und Spaltenindex. Hervorgehoben ist die Zelle (i, j)

3.1.3 Zweidimensionale stationäre Strömung

Nachfolgend werden die folgenden vereinfachenden Annahmen gemacht:
- Die vertikale Strömungskomponente kann vernachlässigt bzw. die Strömung näherungsweise als zweidimensional angesehen werden.
- Die Strömung ist stationär, d. h. zeitlich konstant ($\Delta h / \Delta t = 0$).
- Das Grundwasser hat eine freie Oberfläche.
- Der Grundwasserleiter ist hinsichtlich seiner Leitfähigkeit **isotrop**, d. h., der Wert der Leitfähigkeit ist richtungsunabhängig.

Im Modell muss man sich darauf beschränken, die Eigenschaften des Grundwasserleiters und die in ihm ablaufenden Prozesse an einer endlichen Zahl von Punkten nachzubilden. Diese Punkte bilden die Knoten eines Gitters, das durch den Modellanwender festgelegt werden muss (Abb. 3.2 links). Es wird davon ausgegangen, dass die Größen, die an den Knoten vorgegeben oder berechnet werden (z. B. hydraulische Leitfähigkeit, Komponenten der Strömungsgeschwindigkeit), als repräsentativ für die gesamte Zelle, die den Knoten umgibt, gelten können. Im Folgenden werden der Einfachheit halber quadratische Zellen der Kantenlänge L ausgewiesen. Die Zeilen des zweidimensionalen Modellgitters werden mit dem Index i nummeriert, die Spalten mit dem Index j (Abb. 3.2 rechts).

Die Zelle (i, j) wird von vier Nachbarzellen begrenzt. Betrachtet wird zunächst die linke benachbarte Zelle $(i, j{-}1)$. Der Fluss zwischen den beiden Zellen $(i, j{-}1)$ und (i, j) wird zur Hälfte durch die hydraulische Leitfähigkeit $k_{i,j-1}$ der Zelle $(i, j{-}1)$ und zur Hälfte durch die hydraulische Leitfähigkeit $k_{i,j}$ der Zelle (i, j) bestimmt. Der Mittelwert der beiden Leitfähigkeiten wird nachfolgend mit $k_{i,j-1/2}$ bezeichnet:

$$k_{i,j-1/2} = \frac{k_{i,j-1} + k_{i,j}}{2}. \qquad (3.8)$$

Der Mittelwert der Strömungsgeschwindigkeit zwischen den Zellen $(i, j-1)$ und (i, j) erhält nachfolgend die Bezeichnung $v_{i,j-1/2}$ und berechnet sich nach dem Darcy-Gesetz (Gl. 3.4) als

$$v_{i,j-1/2} = -k_{i,j-1/2} \frac{h_{i,j} - h_{i,j-1}}{L}. \qquad (3.9)$$

$h_{i,j-1}$ und $h_{i,j}$ sind die Wasserstände in den Zellen $(i, j\text{-}1)$ und (i, j). Das Ziel der folgenden Überlegungen ist es zunächst, eine Gleichung zur Berechnung der Standrohrspiegelhöhe in den Modellzellen herzuleiten, denn wenn die Standrohrspiegelhöhe ermittelt ist, kann die Strömung aus dieser gemäß dem Darcy-Gesetz abgeleitet werden. Erläuterungen zu diesem letzten Schritt, der Berechnung der Strömung aus der Standrohrspiegelhöhe, folgen später in Abschn. 3.4.

Lassen Sie sich beim Nachvollziehen der folgenden Berechnungen nicht davon abschrecken, dass etwas längliche und unübersichtliche Ausdrücke entstehen. Abgesehen davon, dass sehr sorgfältig auf das korrekte Setzen der Indizes und Vorzeichen geachtet werden muss, ist es lediglich notwendig, die Grundrechenarten anzuwenden und eine quadratische Gleichung zu lösen.

Ausgangspunkt ist die Kontinuitätsgleichung (Gl. 3.7) für stationäre Verhältnisse und unter Berücksichtigung von zwei Raumdimensionen. In x-Richtung herrscht an der linken Berandung der Modellzelle (i, j) die Strömungsgeschwindigkeit $v_{i,j-1/2}$ und an der rechten Berandung die Strömungsgeschwindigkeit $v_{i,j+1/2}$. Dadurch ergibt sich in der Kontinuitätsgleichung der Term

$$\frac{v_{i,j+1/2} - v_{i,j-1/2}}{L}.$$

In y-Richtung herrscht an der oberen Berandung der Zelle (Abb. 3.2) die Geschwindigkeit $v_{i-1/2,j}$ und an der unteren Berandung die Strömungsgeschwindigkeit $v_{i+1/2,j}$. Dadurch ergibt sich in der Kontinuitätsgleichung der Term

$$\frac{v_{i-1/2,j} - v_{i+1/2,j}}{L}.$$

Zusammengenommen lautet die Kontinuitätsgleichung damit

$$\frac{v_{i,j+1/2} - v_{i,j-1/2}}{L} + \frac{v_{i-1/2,j} - v_{i+1/2,j}}{L} = q. \qquad (3.10)$$

Darin ist q die Rate, mit welcher dem betrachteten Bodenvolumen Wasser entnommen oder zugeführt wird (Abschn. 3.1.2):

$$q = \frac{Wasservolumen}{Bodenvolumen \cdot Zeit}.$$

Üblicherweise wird eine Wasserentnahme oder -zufuhr aber als

$$Q = \frac{Wasservolumen}{Zeit}$$

angegeben. Um q zu erhalten, muss Q durch das Bodenvolumen geteilt werden. Nachfolgend wird angenommen, dass die Wasserentnahme oder -zufuhr innerhalb einer Modellzelle gleichmäßig über deren gesamte Fläche und über die gesamte wassererfüllte Mächtigkeit des Grundwasserleiters erfolgt. Das angesprochene Bodenvolumen ist dann im Fall einer Zelle mit der Grundfläche L^2, die bis zur Höhe $h_{i,j}$ mit Wasser gefüllt ist,

$$V_{Boden} = L^2 \left(h_{i,j} - b_{i,j} \right), \tag{3.11}$$

wobei $b_{i,j}$ die Höhe der Grundwasserleiterbasis bezeichnet. Es folgt

$$q = \frac{Q}{L^2 (h_{i,j} - b_{i,j})}. \tag{3.12}$$

Die Kombination von Gl. 3.10 und 3.12 ergibt

$$\frac{v_{i,j+1/2} - v_{i,j-1/2}}{L} + \frac{v_{i-1/2,j} - v_{i+1/2,j}}{L} = \frac{Q}{L^2 (h_{i,j} - b_{i,j})}$$

und nach Multiplikation mit L

$$v_{i,j+1/2} - v_{i,j-1/2} + v_{i-1/2,j} - v_{i+1/2,j} = \frac{Q}{L(h_{i,j} - b_{i,j})}. \tag{3.13}$$

Die Komponenten der Strömungsgeschwindigkeit werden nun nach dem Darcy-Gesetz durch Differenzen der Standrohrspiegelhöhe ausgedrückt, beispielsweise $v_{i,j-1/2}$ durch Gl. 3.9:

$$-k_{i,j+1/2} \frac{h_{i,j+1} - h_{i,j}}{L} + k_{i,j-1/2} \frac{h_{i,j} - h_{i,j-1}}{L} - k_{i-1/2,j} \frac{h_{i-1,j} - h_{i,j}}{L}$$

$$+ k_{i+1/2,j} \frac{h_{i,j} - h_{i+1,j}}{L} = \frac{Q}{L (h_{i,j} - b_{i,j})}.$$

Nach Multiplikation mit L und Umstellen von Termen ergibt sich

$$k_{i,j-1/2}(h_{i,j} - h_{i,j-1}) + k_{i,j+1/2}(h_{i,j} - h_{i,j+1}) + k_{i-1/2,j}(h_{i,j} - h_{i-1,j})$$

$$+ k_{i+1/2,j}(h_{i,j} - h_{i+1,j}) = \frac{Q}{h_{i,j} - b_{i,j}}. \tag{3.14}$$

Die Terme in dieser Gleichung werden ausmultipliziert und umsortiert. Insbesondere werden alle Terme zusammengefasst, die $h_{i,j}$ enthalten:

$$-(k_{i,j-1/2}\,h_{i,j-1} + k_{i,j+1/2}\,h_{i,j+1} + k_{i-1/2,j}\,h_{i-1,j} + k_{i+1/2,j}\,h_{i+1,j})$$

$$+(k_{i,j-1/2} + k_{i,j+1/2} + k_{i-1/2,j} + k_{i+1/2,j})\,h_{i,j} = \frac{Q}{h_{i,j} - b_{i,j}}.$$

▶ **Übung 10: Berechnung der Standrohrspiegelhöhe** 10.1 Lösen Sie die obige Gleichung nach $h_{i,j}$ auf. Verwenden Sie zur Vereinfachung die folgenden Abkürzungen (Lösung im Anhang):

$$A = k_{i,j-1/2}\,h_{i,j-1} + k_{i,j+1/2}\,h_{i,j+1} + k_{i-1/2,j}\,h_{i-1,j} + k_{i+1/2,j}\,h_{i+1,j} \tag{3.15}$$

$$B = k_{i,j-1/2} + k_{i,j+1/2} + k_{i-1/2,j} + k_{i+1/2,j} \tag{3.16}$$

$$h = h_{i,j}$$

$$b = b_{i,j}$$

Es ergibt sich die folgende, in jeder Modellzelle zu implementierende Gleichung zur Berechnung der Standrohrspiegelhöhe:

$$h = \frac{1}{2B}\left(A + Bb + \sqrt{4BQ + (A - Bb)^2}\right) \tag{3.17}$$

3.1.4 Randbedingungen

Um die Modellierung durchführen zu können, muss definiert werden, was an den Modellrändern geschieht. Im nachfolgend erstellten Modell können zwei unterschiedliche Randbedingungen festgelegt werden: eine konstante Standrohrspiegelhöhe (**Festpotenzial**) oder ein konstanter Zu- oder Abfluss.

3.2 Iterative Berechnungen, numerische Stabilität

Gleichung 3.17 drückt aus, wie sich die Standrohrspiegelhöhe in der Modellzelle $(i,\,j)$ aus den Standohrspiegelhöhen der umliegenden Zellen ableiten lässt. Diese aber werden nach Anpassung der Indizes ebenfalls gemäß Gl. 3.17 berechnet, wobei dann unter anderem wieder auf die Standrohrspiegelhöhe in der Zelle $(i,\,j)$ zurückgegriffen wird. Die Gleichungen zur Berechnung der Standrohrspiegelhöhe

Abb. 3.3 Beispiel für eine iterative Berechnung

Anfangszustand	12	0	0	0
Iterationsschritt 1	12	6	0	0
Iterationsschritt 2	12	6	3	0
Iterationsschritt 3	12	7 ½	3	0
Iterationsschritt 4	12	7 ½	3 ¾	0
...				
$n \to \infty$	12	8	4	0

in den Modellzellen sind miteinander gekoppelt. Excel würde eine Warnung vor einem Zirkelbezug anzeigen.

Eine simultane Lösung der Gleichungen ist nicht möglich. Stattdessen muss die Lösung **iterativ** erfolgen. Was dies bedeutet, demonstriert das folgende Beispiel.

Gegeben sei ein eindimensionales Modell, eine Zeile von vier Modellzellen (Abb. 3.3). Die Werte in der linken und der rechten Randzelle, den Zellen 1 und 4, seien fixiert. Die Berechnungsvorschrift für die Funktionswerte in den inneren Zellen 2 und 3 laute

$$x_i = (x_{i-1} + x_{i+1}) / 2$$

bzw.

$$x_2 = (x_1 + x_3) / 2$$

und

$$x_3 = (x_2 + x_4) / 2.$$

Auch hier liegt ein Zirkelbezug vor: Um x_2 zu berechnen, muss x_3 gegeben sein, und um x_3 zu berechnen, muss x_2 gegeben sein. Die Lösung des Problems liegt darin, die gegebene Berechnungsvorschrift beginnend mit dem Anfangszustand wiederholt, in einer Folge gleichartiger Schritt anzuwenden (Abb. 3.3). Im Iterationsschritt 1 wird

$$x_2 = (12 + 0) / 2 = 6$$

berechnet, im Iterationsschritt 2

$$x_3 = (6+0)/2 = 3,$$

im Iterationsschritt 3

$$x_2 = (12+3)/2 = 7,5$$

usw. Der Wert x_i in der Zelle i wird berechnet, indem die Werte in den beiden benachbarten Zellen, die sich im vorangehenden Iterationsschritt ergeben haben, gemittelt werden. Letztlich läuft dieser Prozess auf einen konstanten Endzustand hinaus: Für $n \to \infty$ nimmt x_2 den Wert 8 an, exakt das arithmetische Mittel von x_1 und x_3, und x_3 nimmt den Wert 4 an, exakt das arithmetische Mittel von x_2 und x_4. Weitere Berechnungen ändern daran nichts mehr.

In der Praxis können nur endlich viele Berechnungsschritte durchgeführt werden. Daher lässt sich im Allgemeinen lediglich eine Näherung des gesuchten Endergebnisses erzielen. Wann genau der Abbruch der Iteration erfolgen soll, hat der Modellanwender vorzugeben.

Um das Modell erstellen zu können, muss Excel zunächst auf den Iterationsmodus umgeschaltet werden. Gleichzeitig muss aber zunächst verhindert werden, dass die Iteration nach Eingabe einer Formel durch Excel sofort automatisch gestartet wird. Excel wird stattdessen so eingestellt, dass nur auf Aufforderung (durch Drücken der Funktionstaste F9) jeweils genau ein Iterationsschritt durchgeführt wird. Dazu dienen die folgenden Einstellungen:

- Öffnen Sie eine neue Excel-Datei und speichern Sie diese unter dem Namen „Grundwassermodell.xlsx" ab.
- Registerkarte „Datei", Schaltfläche „Optionen"/„Formeln": Unter „Berechnungsoptionen" „Manuell" sowie „Iterative Berechnung aktivieren" durch Anklicken aktivieren und „Maximale Iterationszahl" 1 einstellen

Es kann vorkommen, dass bei einer iterativen Berechnung kein stationärer Endzustand erreicht wird und stattdessen eine numerische Instabilität auftritt. Auch dies lässt sich an einem einfachen Beispiel demonstrieren. Um es in Excel nachzubilden, sollten Sie eine separate Datei anlegen, da dieses Beispiel keinen unmittelbaren Zusammenhang mit der Grundwasserströmungsmodellierung hat. Die Berechnungsvorschrift lautet in diesem Fall

$$x_{i+1} = ax_i\left(1 - x_i\right). \tag{3.18}$$

Vorzugeben sind der Parameter a und ein Startwert x_1 mit $0 < x_1 < 1$.

▶ **Übung 11: Numerische Stabilität** 11.1 Öffnen Sie eine neue Excel-Datei. Schreiben Sie in Zelle A1 als Überschrift die Gl. 3.18. Schreiben Sie in Zelle A3 die Bezeichnung des Parameters, also „a", und in die Zelle dahinter (B3) seinen Wert, z. B. 0,5.

▶ 11.2 Legen Sie eine Tabelle für die Berechnungen an. Geben Sie als Startwert $x_1 = 0,7$ vor, berechnen Sie gemäß Gl. 3.18 die Werte x_i für $i = 2, ..., 20$ und stellen Sie das Ergebnis grafisch dar (Abb. 3.4).

▶ 11.3 Erhöhen Sie den Wert des Parameters a auf 1,5, auf 2,5, auf 3,5 und auf 4,5 und beobachten Sie, wie sich die Werte x_i jeweils entwickeln.

Je nachdem, welchen Wert der Parameter a im vorangehenden Beispiel hat, strebt das Modellergebnis einem konstanten Endzustand zu, beginnt zu schwingen oder „explodiert" numerisch. Ist ein hydrologisches Modell numerisch instabil, ist es für praktische Zwecke unbrauchbar und muss korrigiert werden.

3.3 Berechnung und Darstellung der Standrohrspiegelhöhe

Grundsätzlich sollten Sie nach den vorangehenden Erläuterungen in der Lage sein, die Berechnung der Standrohrspiegelhöhe selbstständig in Excel zu implementieren. Dies mag viel verlangt erscheinen. Machen Sie sich aber bewusst, dass Ihr Arbeitgeber Ihnen kaum Aufgaben vorlegen wird, deren Lösung Sie lediglich unter Anleitung reproduzieren müssen. Er wird erwarten, dass Sie fähig sind, Lösungen selbstständig zu erarbeiten, und dass Sie, wenn etwas nicht sofort funktioniert, Durchhaltevermögen beweisen und sich „durchbeißen".

Ganz so schwer wird es Ihnen im Folgenden allerdings nicht gemacht. Sie werden Schritt für Schritt durch die Erstellung des Modells geführt, jedoch überwiegend nur in Stichworten. Achten Sie auf die folgenden Grundsätze:
- Jedes Tabellenblatt sollte eine Überschrift besitzen, aus der hervorgeht, wozu es dient.
- Ebenso sollte der jeweilige Name des Tabellenblattes aussagekräftig sein.
- Geben Sie unbedingt die Einheit an, in der Größen einzugeben sind oder berechnet werden!
- Das Modellgitter soll im vorliegenden Fall 31×31 Zellen umfassen. Versehen Sie es zur besseren Orientierung mit einem Rand, der Zeilen- und Spaltennummern zeigt.
- Es muss nicht jedes Tabellenblatt komplett neu angelegt werden. Verwenden Sie bereits existierende Tabellenblätter als Vorlage für neue, indem Sie sie kopieren!

3.3.1 Modellgitter und Randbedingungen

- Tabellenblatt namens „Rand" anlegen
- Formatierungseinstellungen für das gesamte Tabellenblatt: Zeilenhöhe 25, Spaltenbreite 4, Schriftart Arial, alle Zahlen mit einer Nachkommastelle
- Überschrift: „Modellgitter und Randbedingungen", Untertitel: „Zellen mit konstanter Standrohrspiegelhöhe werden mit x markiert. Konstanter Randzufluss

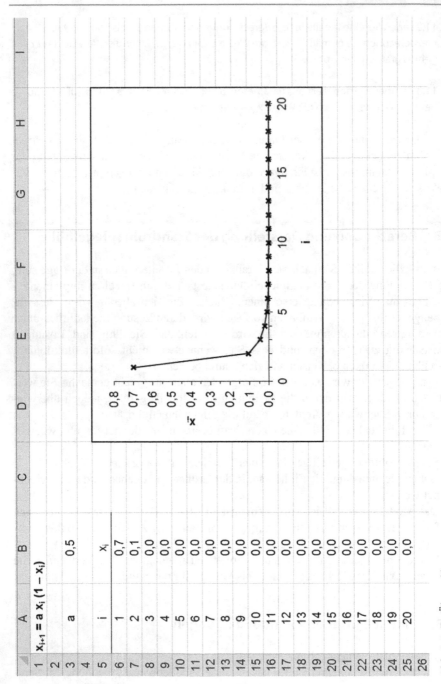

	A	B
1	$x_{i+1} = a\, x_i\,(1 - x_i)$	
2		
3	a	0,5
4		
5	i	x_i
6	1	0,7
7	2	0,1
8	3	0,0
9	4	0,0
10	5	0,0
11	6	0,0
12	7	0,0
13	8	0,0
14	9	0,0
15	10	0,0
16	11	0,0
17	12	0,0
18	13	0,0
19	14	0,0
20	15	0,0
21	16	0,0
22	17	0,0
23	18	0,0
24	19	0,0
25	20	0,0
26		

Abb. 3.4 Zu Übung 11

wird in der Einheit 10^{-3} m³/s angegeben."; in die dritte Zeile eintragen: „Seitenlänge der Gitterzellen (m):"; den Zahlenwert für die Seitenlänge in die Zelle G3
eintragen (im Beispiel: 20,0)

- 31 × 31 Modellzellen im Bereich B5:AF35 durch Rahmenlinien abgrenzen
- im Bereich des Modellgitters: Schriftgröße 8, Zellinhalte horizontal und vertikal
  zentriert
- umlaufende Nummerierung von Zeilen und Spalten jeweils von 1 bis 31
- in die Zellen am linken und rechten Rand x eintragen, am oberen und unteren
  Rand 0,0 (Abb. 3.5)

3.3.2   Anfangswerte

- Tabellenblatt „Rand" kopieren, Name des neuen Tabellenblattes: „Anfangswerte", Überschrift: „Anfangswerte", Untertitel: „Einheit: 1 m"
- in die dritte Zeile eintragen: „Zellen mit konstanter Standrohrspiegelhöhe behal-
  ten ihren Anfangswert bei."
- Zellwerte: am linken Rand 22,0, sonst 20,0

3.3.3   Grundwasserleiterbasis

- Tabellenblatt „Anfangswerte" kopieren, Name des neuen Tabellenblattes: „Ba-
  sis", Überschrift: „Höhe der Grundwasserleiterbasis", Untertitel: „Einheit: 1 m",
  Inhalt der dritten Zeile löschen
- Zellwerte: überall 10,0

3.3.4   Hydraulische Leitfähigkeit

- Tabellenblatt „Basis" kopieren, Name des neuen Tabellenblattes: „Leitfähigkeit", Überschrift: „Hydraulische Leitfähigkeit", Untertitel: „Einheit: 10^{-3} m/s"
- alle Zahlen mit genau zwei Nachkommastellen
- Zellwerte: überall 0,50

3.3.5   Grundwasserneubildung

- Tabellenblatt „Leitfähigkeit" kopieren, Name des neuen Tabellenblattes: „Neubildung", Überschrift: „Grundwasserneubildung", Untertitel: „Einheit: 10^{-3} m³/s/
  km²"
- alle Zahlen mit genau einer Nachkommastelle
- Zellwerte: überall 0,0

	A	B	C	D	E	F	G	H	I	J	K	L	M	N	O	P	Q	R	S	T	U	V	W	X
1	**Modellgitter und Randbedingungen**																							
2	Zellen mit konstanter Standrohrspiegelhöhe werden mit x markiert. Konstanter Randzufluss wird in der Einheit 10^{-3} m^3/s angegeben.																							
3	Seitenlänge der Gitterzellen (m):						20,0																	
4		1	2	3	4	5	6	7	8	9	10	11	12	13	14	15	16	17	18	19	20	21	22	23
5	1	x	0,0	0,0	0,0	0,0	0,0	0,0	0,0	0,0	0,0	0,0	0,0	0,0	0,0	0,0	0,0	0,0	0,0	0,0	0,0	0,0	0,0	0,0
6	2	x																						
7	3	x																						
8	4	x																						
9	5	x																						
10	6	x																						
11	7	x																						

Abb. 3.5 Teilansicht des Tabellenblattes „Rand“

3.3.6   Quellen und Senken

- Tabellenblatt „Neubildung" kopieren, Name des neuen Tabellenblattes: „Quellen&Senken", Überschrift: „Quellen und Senken", Untertitel: „Einheit: 10^{-3} m^3/s"
- In die dritte Zeile eintragen: „Wasserzufuhr: positives Vorzeichen, Wasserentnahme: negatives Vorzeichen"
- Zellwerte: überall 0,0
- bedingte Formatierung: graue Füllung, falls der Zellwert ungleich null ist (Registerkarte „Start"/„Bedingte Formatierung"/„Regeln zum Hervorheben von Zellen"/„Weitere Regeln": „Nur Zellen formatieren, die enthalten" „Zellwert ungleich 0")

3.3.7   Tabellenblatt für das Berechnungsergebnis

- Tabellenblatt „Basis" kopieren, Name des neuen Tabellenblattes: „h", Überschrift: „Berechnete Standrohrspiegelhöhe", Untertitel: „Einheit: 1 m"
- In die dritte Zeile eintragen: „Berechnung durchführen:", Zelle F3 mit einem Rahmen versehen, Inhalt zentrieren

3.3.8   Tabellenblätter für Zwischenrechnungen

- Tabellenblatt „Neubildung" kopieren, Name des neuen Tabellenblattes: „A", Überschrift: „Zwischenrechnung", Untertitel: „Einheit: 10^{-3} m^2/s"
- Berechnung von A gemäß Gl. 3.15, Eintrag z. B. in Zelle C6:

$$= \text{WENN} \left(\text{h}!\$\text{F}\$3 <> \text{""}; \text{MITTELWERT(Leitfähigkeit!B6:C6)}*\text{h}!\text{B6} \right.$$

$$+ \text{MITTELWERT (Leitfähigkeit!C6:D6)}*\text{h}!\text{D6}$$

$$+ \text{MITTELWERT (Leitfähigkeit!C5:C6)}*\text{h}!\text{C5}$$

$$+ \text{MITTELWERT (Leitfähigkeit!C6:C7)}*\text{h}!\text{C7} \right)$$

Diese Formel kann in alle inneren Zellen des Modellgebiets bis AE34 kopiert werden.
- In Randzellen sind nur jeweils drei, in Eckzellen sogar nur jeweils zwei Terme zu addieren. Formeln entsprechend ändern, Summen aus drei Termen in Randzellen jeweils mit 4/3 multiplizieren, Summen aus zwei Termen in Eckzellen mit 2
- Tabellenblatt „A" kopieren, Name des neuen Tabellenblattes: „B", Untertitel: „Einheit: 10^{-3} m/s"
- Berechnung von B gemäß Gl. 3.16, Eintrag z. B. in Zelle C6:

= WENN (h!F3<>"""; MITTELWERT(Leifähigkeit!B6:C6)

  + MITTELWERT (Leitfähigkeit!C6:D6)

  + MITTELWERT (Leitfähigkeit!C5:C6)

  + MITTELWERT (Leitfähigkeit!C6:C7))

Diese Formel kann in alle inneren Zellen des Modellgebiets bis AE34 kopiert werden.

- In Randzellen sind nur jeweils drei, in Eckzellen sogar nur jeweils zwei Terme zu addieren. Formeln entsprechend ändern, Summen aus drei Termen in Randzellen jeweils mit 4/3 multiplizieren, Summen aus zwei Termen in Eckzellen mit 2

3.3.9   Berechnung der Standrohrspiegelhöhe

Gehen Sie auf das Tabellenblatt „h".

- In jeder Zelle des Modellgitters soll gelten: Falls es sich um eine Zelle mit konstanter Standrohrspiegelhöhe handelt oder solange in Zelle F3 nichts steht, wird jeder Zelle der Anfangswert der Standrohrspiegelhöhe vom Tabellenblatt „Anfangswerte" zugeordnet. Die Formel beginnt daher z. B. in Zelle B5 mit

= WENN(ODER(Rand!B5 = "x"; F3 = ""); Anfangswerte!B5.

Andernfalls wird gemäß Gl. 3.17 die Standrohrspiegelhöhe berechnet. Zu beachten ist dabei, dass den Quellen und Senken, die in Gl. 3.17 mit Q bezeichnet sind, sowohl die Werte vom Tabellenblatt „Quellen&Senken" als auch die Grundwasserneubildung vom Tabellenblatt „Neubildung" als auch die Randzuflüsse vom Tabellenblatt „Rand" zuzurechnen sind. Um Q zu ermitteln, sind folglich drei Beiträge zu addieren.

▶ **Übung 12: Einheitenumrechnung** 12.1 Die Werte auf den Tabellenblättern „Rand" und „Quellen&Senken" sind in der Einheit 10^{-3} m³/s angegeben, die Neubildung dagegen in der Einheit 10^{-3} m³/s/km². Mit welchem Faktor muss die Neubildung multipliziert werden, bevor sie zu den beiden anderen Größen addiert wird (Lösung im Anhang)?

Der Eintrag z. B. in Zelle B5 lautet:

= WENN(ODER(Rand!B5 = "x"; F3 = ""); Anfangswerte!B5;

  (A!B5 + B!B5 * Basis!B5 + WURZEL(4 * B!B5 * ('Quellen&Senken'!B5

  + Rand!B5 + Neubildung!B5 * 10 ^ (- 6) * Rand! G3 ^ 2)

  + (A!B5 - B!B5*Basis!B5) ^ 2))/2/B!B5)

Diese Formel kann in alle Zellen des Modellgebiets kopiert werden.

• In Zelle F3 auf dem Tabellenblatt „h" beispielsweise ein x eintragen. Jedes Mal wenn F9 gedrückt wird, wird jetzt ein Berechnungsschritt durchgeführt.

• Automatisierung der Iteration: Registerkarte „Datei", Schaltfläche „Optionen"/ „Formeln": „Maximale Iterationszahl" 1000 und „Maximale Änderung" 0,00001 einstellen. Wenn jetzt F9 gedrückt wird, werden automatisch bis zu 1000 Iterationsschritte durchgeführt.

Am rechten unteren Rand des Programmfensters wird während der Iteration der aktuelle Iterationsschritt angezeigt. Falls die Iteration bis zur maximalen Iterationsschrittzahl läuft, so sollte die Iteration durch Drücken der Funktionstaste F9 so oft erneut gestartet werden, bis sie vor Erreichen der maximalen Iterationsschrittzahl automatisch beendet wird.

Die Ausgangswerte werden wiederhergestellt, wenn der Inhalt von Zelle F3 gelöscht und dann F9 gedrückt wird.

• Lassen Sie durch Excel die Iteration durchführen. Abbildung 3.6 zeigt das Ergebnis.

3.3.10   Grafische Darstellung

Anhand der 31×31 auf dem Tabellenblatt „h" ausgewiesenen Werte für die Standrohrspiegelhöhe ist das Ergebnis der Berechnungen schwer zu beurteilen. Nachfolgend werden zwei Möglichkeiten erläutert, wie die Resultate grafisch umgesetzt werden können. Die erste Variante ist eine bedingte Formatierung der Modellzellen (Abb. 3.7):

• Modellzellen B5:AF35 auf dem Tabellenblatt „h" markieren

• Registerkarte „Start"/„Bedingte Formatierung"/„Farbskalen"/„Blau-Gelb-Rot-Farbskala"

Die zweite Variante ist eine gesonderte grafische Darstellung der flächigen Verteilung der Standrohrspiegelhöhe in Form einer Grundwassergleichen- bzw. Isohypsenkarte (Abb. 3.8):

• Modellzellen B5:AF35 auf dem Tabellenblatt „h" markieren

• Registerkarte „Einfügen"/„Andere Diagramme"/„Oberfläche"

Das Diagramm sollte vom Minimal- bis zum Maximalwert der Standrohrspiegelhöhe skaliert sein und eine geringere Intervallbreite aufweisen, als sie von Excel automatisch vorgegeben wird:

• Diagramm anklicken und auf die Registerkarte „Layout" gehen

• „Achsen"/„Vertikale Primärachse"/„Weitere Optionen für vertikale Primärachse" wählen

• Minimum, Maximum und Intervalle angeben (19,0, 22,0 und 0,2)

Die Orientierung des Diagramms muss korrigiert werden:

• „Achsen"/„Tiefenachse"/„Weitere Optionen für Tiefenachse" wählen

• „Reihen in umgekehrter Reihenfolge" aktivieren

Weitere Korrekturen:

	A	B	C	D	E	F	G	H	I	J	K	L	M	N	O	P	Q	R	S	T	U	V	W	X
1	**Berechnete Standrohrspiegelhöhe**																							
2	Einheit: 1 m																							
3	Berechnung durchführen:				x																			
4		1	2	3	4	5	6	7	8	9	10	11	12	13	14	15	16	17	18	19	20	21	22	23
5	1	22,0	21,9	21,9	21,8	21,7	21,7	21,6	21,6	21,5	21,4	21,4	21,3	21,2	21,2	21,1	21,0	21,0	20,9	20,8	20,8	20,7	20,6	20,6
6	2	22,0	21,9	21,9	21,8	21,7	21,7	21,6	21,6	21,5	21,4	21,4	21,3	21,2	21,2	21,1	21,0	21,0	20,9	20,8	20,8	20,7	20,6	20,6
7	3	22,0	21,9	21,9	21,8	21,7	21,7	21,6	21,6	21,5	21,4	21,4	21,3	21,2	21,2	21,1	21,0	21,0	20,9	20,8	20,8	20,7	20,6	20,6
8	4	22,0	21,9	21,9	21,8	21,7	21,7	21,6	21,6	21,5	21,4	21,4	21,3	21,2	21,2	21,1	21,0	21,0	20,9	20,8	20,8	20,7	20,6	20,6
9	5	22,0	21,9	21,9	21,8	21,7	21,7	21,6	21,6	21,5	21,4	21,4	21,3	21,2	21,2	21,1	21,0	21,0	20,9	20,8	20,8	20,7	20,6	20,6
10	6	22,0	21,9	21,9	21,8	21,7	21,7	21,6	21,6	21,5	21,4	21,4	21,3	21,2	21,2	21,1	21,0	21,0	20,9	20,8	20,8	20,7	20,6	20,6
11	7	22,0	21,9	21,9	21,8	21,7	21,7	21,6	21,6	21,5	21,4	21,4	21,3	21,2	21,2	21,1	21,0	21,0	20,9	20,8	20,8	20,7	20,6	20,6

Abb. 3.6 Berechnete Standrohrspiegelhöhen auf dem Tabellenblatt „h"

	A	B	C	D	E	F	G	H	I	J	K	L	M	N	O	P	Q	R	S	T	U	V	W	X
1	**Berechnete Standrohrspiegelhöhe**																							
2	Einheit: 1 m																							
3	Berechnung durchführen:				x																			
4		1	2	3	4	5	6	7	8	9	10	11	12	13	14	15	16	17	18	19	20	21	22	23
5	1	22,0	21,9	21,9	21,8	21,7	21,7	21,6	21,6	21,5	21,4	21,4	21,3	21,2	21,2	21,1	21,0	21,0	20,9	20,8	20,8	20,7	20,6	20,6
6	2	22,0	21,9	21,9	21,8	21,7	21,7	21,6	21,6	21,5	21,4	21,4	21,3	21,2	21,2	21,1	21,0	21,0	20,9	20,8	20,8	20,7	20,6	20,6
7	3	22,0	21,9	21,9	21,8	21,7	21,7	21,6	21,6	21,5	21,4	21,4	21,3	21,2	21,2	21,1	21,0	21,0	20,9	20,8	20,8	20,7	20,6	20,6
8	4	22,0	21,9	21,9	21,8	21,7	21,7	21,6	21,6	21,5	21,4	21,4	21,3	21,2	21,2	21,1	21,0	21,0	20,9	20,8	20,8	20,7	20,6	20,6
9	5	22,0	21,9	21,9	21,8	21,7	21,7	21,6	21,6	21,5	21,4	21,4	21,3	21,2	21,2	21,1	21,0	21,0	20,9	20,8	20,8	20,7	20,6	20,6
10	6	22,0	21,9	21,9	21,8	21,7	21,7	21,6	21,6	21,5	21,4	21,4	21,3	21,2	21,2	21,1	21,0	21,0	20,9	20,8	20,8	20,7	20,6	20,6
11	7	22,0	21,9	21,9	21,8	21,7	21,7	21,6	21,6	21,5	21,4	21,4	21,3	21,2	21,2	21,1	21,0	21,0	20,9	20,8	20,8	20,7	20,6	20,6

Abb. 3.7 Tabellenblatt „h" mit bedingter Formatierung

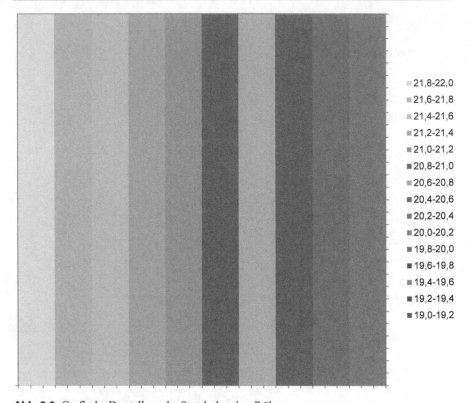

Abb. 3.8 Grafische Darstellung der Standrohrspiegelhöhe

- unter „Achsen"/„Vertikale Primärachse"/„Weitere Optionen für vertikale Primärachse" „Achsenbeschriftungen" „Keine" aktivieren
- unter „Achsen"/„Horizontale Primärachse"/„Weitere Optionen für horizontale Primärachse" „Achsenbeschriftungen" „Keine" aktivieren
- neues Tabellenblatt „Grafik" anlegen und Diagramm auf dieses Tabellenblatt verschieben, Diagrammgröße anpassen

3.4   Anwendungen 1

3.4.1   Sensitivitätsanalyse

Durchlässigkeitsbeiwert, Grundwasserneubildung und vorgegebener Randzufluss variieren im Allgemeinen räumlich und können kaum durch Messungen erfasst werden. Ihre Werte werden daher in der Regel durch eine Modellkalibrierung präzisiert (Abschn. 3.4.2). Um bei der Kalibrierung zielgerichtet vorgehen zu können, ist es nützlich zu wissen, in welcher Weise das Modell auf Änderungen der betreffenden Größen reagiert. Dies zu klären, ist das Ziel der Sensitivitätsanalyse.

Ausgangspunkt ist der Zustand, in dem sich das Modell nach seiner Erstellung aktuell befindet: Ohne Neubildung und ohne Quellen und Senken haben sich Grundwassergleichen in regelmäßigem Abstand ergeben.

▶ **Übung 13: Sensitivitätsanalyse** 13.1 Geben Sie als Neubildung überall im Modellgebiet $5{,}0 \cdot 10^{-3}$ m³/s/km² an. Wie verändert sich der Abstand der Grundwassergleichen?

▶ 13.2 Variieren Sie die hydraulischer Leitfähigkeit in einem vertikalen Streifen von mehreren Zellen Breite. Wie verändert sich der Abstand der Grundwassergleichen?

3.4.2 Kalibrierung

Bei der Modellkalibrierung werden Parameterwerte innerhalb vertretbarer Grenzen so lange variiert, bis eine ausreichend erscheinende Übereinstimmung zwischen der Modellausgabe und entsprechenden Messwerten erzielt ist. Als Maß für diese Übereinstimmung dient im Allgemeinen eine Zielfunktion, üblicherweise die mittlere quadratische Abweichung (Abschn. 2.4.1). Im folgenden Beispiel kann auf die Berechnung von Zielfunktionswerten verzichtet werden, da es so gewählt ist, dass sich eine völlige Übereinstimmung zwischen den gemessenen und berechneten Werten der Standrohrspiegelhöhe erreichen lässt.

▶ **Übung 14: Kalibrierung** 14.1 Gegeben sind die folgenden Messwerte der Standrohrspiegelhöhe:
* Zelle (4; 10): 21,5 m
* Zelle (11; 27): 20,3 m
* Zelle (26; 19): 20,9 m

Markieren Sie die betreffenden Modellzellen zur besseren Orientierung auf dem Tabellenblatt „h" durch einen dicken schwarzen Rahmen. Kalibrieren Sie dann das Modell hinsichtlich der hydraulischen Leitfähigkeit. Sie können dabei der Einfachheit halber davon ausgehen, dass die Leitfähigkeit im gesamten Modellgebiet denselben Wert hat.

▶ 14.2 Selbst unter der Vorgabe eines gebietseinheitlichen k_f-Wertes und unter Vernachlässigung sonstiger Unsicherheiten in der Konfiguration des Modells ist die Aufgabe, gemessene und berechnete Werte der Standrohrspiegelhöhe in Übereinstimmung zu bringen, nicht eindeutig lösbar. Welche Werte kann die Leitfähigkeit gemessen an den beobachteten Standrohrspiegelhöhen minimal und maximal annehmen (Lösung im Anhang)?

Legen Sie eine Kopie der Datei unter dem Namen „Grundwassermodell Altlast. xlsx" an. Diese wird noch zur Bearbeitung der Aufgaben in Abschn. 3.6.1 und 3.6.2 benötigt.

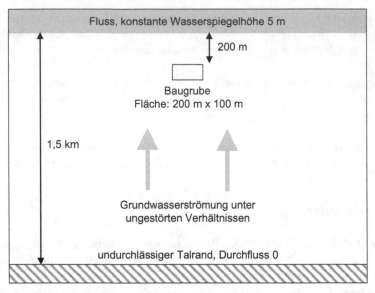

Abb. 3.9 Zur Situation im Anwendungsbeispiel von Abschn. 3.4.3

3.4.3 Wasserhaltung Baugrube

Das folgende Beispiel und das Beispiel in Abschn. 3.6.1 sind Chiang et al. (1998) entlehnt.

200 m vom Ufer eines Flusses entfernt soll eine Baugrube von 200 m Länge und 100 m Breite ausgehoben werden (Abb. 3.9). Der Fluss ist auf eine Höhe von 5 m über der Grundwasserleiterbasis aufgestaut und steht in unmittelbarem Kontakt mit dem Grundwasser. Der Talrand, der 1,5 km vom Flussufer entfernt liegt, stellt eine undurchlässige Begrenzung des Grundwasserleiters dar. Die Grundwasserneubildungsrate beträgt 4 l/s/km². Im Bereich der Baugrube muss der Grundwasserspiegel auf 3 m über der Grundwasserleiterbasis abgesenkt werden. Wie viel Wasser muss der Baugrube dafür mindestens entnommen werden?

▶ **Übung 15: Wasserhaltung** 15.1 Aufgrund der Symmetrie des Problems genügt es, die halbe Baugrube zu betrachten. Das Modellgebiet ergibt sich also gleichsam durch Halbierung von Abb. 3.9. Erstellen Sie das Modell:
- Seitenlänge der Gitterzellen: L = 50 m
- konstante Standrohrspiegelhöhe von 5,0 m am oberen Modellrand
- an den übrigen Modellrändern kein Durchfluss
- Grundwasserleiterbasis: 0
- Grundwasserneubildung: $4 \cdot 10^{-3}$ m^{-3}/s/km²

Abb. 3.10 $\tan(\varphi) = v_y / v_x$

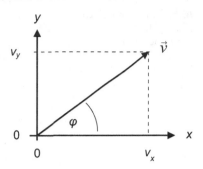

▶ 15.2 Gegeben sind die folgenden Messwerte der Standrohrspiegelhöhe:
- Zelle (7; 7): 5,4 m
- Zelle (16; 16): 5,8 m

Kalibrieren Sie das Modell hinsichtlich der hydraulischen Leitfähigkeit! Sie können der Einfachheit halber davon ausgehen, dass die Leitfähigkeit im gesamten Modellgebiet denselben Wert hat (Lösung im Anhang).

▶ 15.3 Welche Entnahme ist mindestens notwendig, um die Standrohrspiegelhöhe im Bereich der Grube auf 3,0 m zu senken (Lösung im Anhang)?
Anmerkung: Bei zu schneller Änderung der Entnahmeraten kann das Modell instabil werden. Setzen Sie in diesem Fall alle Standrohrspiegelhöhen wieder auf die Anfangswerte zurück und führen Sie die Änderungen in kleineren Schritten durch.

Nicht berücksichtigt ist bei diesen Berechnungen eine mögliche **Kolmation** des Gewässerbettes. Darunter versteht man eine Teilabdichtung des Gewässerbettes durch die Ablagerung von Feinsedimenten, chemische Prozesse und biologische Aktivität. Eine Kolmation würde den Zustrom aus dem Gewässer in die Baugrube verringern. Ihre Vernachlässigung entspricht daher dem Prinzip, die Maßnahme auf die ungünstigsten anzunehmenden Bedingungen auszulegen.

3.5   Berechnung und Darstellung der Strömungsrichtung

Die grafische Darstellung von Grundwassergleichen erlaubt es, die Strömungsverhältnisse in etwa zu überblicken: Das Wasser strömt von Bereichen höherer zu Bereichen niedrigerer Standrohrspiegelhöhe, und zwar so, dass die Stromlinien die Grundwassergleichen im rechten Winkel schneiden. Für viele Anwendungen reicht dies jedoch nicht aus. Im vorliegenden Abschnitt wird daher erläutert, wie man sich in Excel einen detaillierteren Eindruck von den Strömungsverhältnisse verschaffen kann.

Aus der Standrohrspiegelhöhe h lässt sich mittels des Darcy-Gesetzes (Gl. 3.4) der Strömungsvektor $\vec{v}$ ableiten. Die Richtung des Vektors wird durch den Winkel φ zwischen $\vec{v}$ und der x-Achse charakterisiert (Abb. 3.10). Sind v_x und v_y die beiden Komponenten des Vektors, so ist

Abb. 3.11 Richtungsco-
dierung durch ganzzahlige
Vielfache von 45°

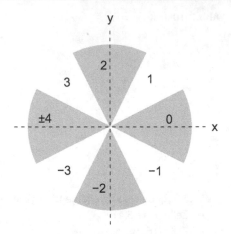

$$\tan(\varphi) = v_y / v_x.\tag{3.19}$$

Nachfolgend wird die Darstellung der Strömungsrichtung insofern vereinfacht, als
der Winkel φ als ganzzahliges Vielfaches von 45° angegeben wird: Winkeln zwischen $-22,5°$ und 22,5° wird der Wert 0 zugeordnet, Winkeln zwischen 22,5° und
67,5° der Wert 1, usw. (Abb. 3.11).

• Datei „Grundwassermodell Altlast.xlsx", die in Abschn. 3.4.2 erstellt worden ist,
  öffnen
• Tabellenblatt „Basis" kopieren, Name des neuen Tabellenblattes: „Richtung",
  Überschrift: „Strömungsrichtung", Untertitel: „ganzzahlige Vielfache von 45°"
• alle Zahlen ohne Nachkommastellen anzeigen lassen

Im Folgenden werden beispielhaft die Berechnungen in der Zelle C6 erläutert. Die
x-Komponente v_x der Strömungsgeschwindigkeit in der Zelle C6 lässt sich gemäß
dem Darcy-Gesetz berechnen als

= −Leitfähigkeit!C6*(h!D6−h!B6)/(2 L)

oder

= Leitfähigkeit!C6*(h!B6−h!D6)/(2 L)

Analog ergibt sich die y-Komponente v_y der Strömungsgeschwindigkeit als

= Leitfähigkeit!C6*(h!C7−h!C5)/(2 L)

Das Verhältnis aus v_y und v_x ist der Tangens des Winkels φ (Gl. 3.19). Um φ zu ermitteln, muss man folglich die Umkehrfunktion des Tangens, den Arkustangens,
auf dieses Verhältnis anwenden.

▶ **Übung 16: Strömungsrichtung** 16.1 Berechnen Sie zunächst nur in der Zelle C6 mithilfe der Excel-Funktion ARCTAN2 den Winkel φ und lassen Sie ihn im Gradmaß anzeigen (Lösung im Anhang).

▶ 16.2 Lassen Sie den Winkel als ganzzahliges Vielfaches von 45° anzeigen (Lösung im Anhang).

▶ 16.3 Lassen Sie zur besseren Orientierung solche Modellzellen, in denen eine Entnahme oder Infiltration erfolgt, frei (Lösung im Anhang).

▶ 16.4 Übertragen Sie die in Zelle C6 formulierte Excel-Formel in alle Modellzellen. Beachten Sie dabei, dass in den Randzellen eine Modifikation notwendig ist, da bei den Berechnungen sonst auf Zellen zurückgegriffen wird, die außerhalb des Modellbereichs liegen!

In allen Modellzellen muss nun 0 angezeigt werden, da die Strömung überall von links nach rechts erfolgt. Der besseren Übersicht halber wird die Strömungsrichtung nun noch durch Pfeile dargestellt:
• Tabellenblatt „Richtung" kopieren, Name des neuen Tabellenblattes: „Pfeile", Überschrift: „Strömungsrichtung"
• Schriftart in den Modellzellen: Wingdings
Eintrag z. B. in Zelle B5:

= WENN(Richtung!B5 = 0;ZEICHEN(224);WENN(Richtung!B5
= 1;ZEICHEN(228);WENN(Richtung!B5 = 2;ZEICHEN(225);WENN(Richtung!B5
= 3;ZEICHEN(225);WENN(ODER(Richtung!B5 = 4;Richtung!B5
= –4);ZEICHEN(223);WENN(Richtung!B5 = –1;ZEICHEN(230);WENN(Richtung!B5
= –2;ZEICHEN(226);WENN(Richtung!B5 = –3;ZEICHEN(229);"")))))))

Diese Formel kann in alle Zellen des Modellgebiets kopiert werden. Möglicherweise ist es einfacher, sie aus eigener Überlegung heraus zu konstruieren, als zu versuchen, sie fehlerfrei abzuschreiben. Besonderes Augenmerk ist dabei darauf zu legen, dass die Pfeile, die in der obigen Formel mit ZEICHEN angesprochen werden, in die richtige Richtung zeigen. Die Richtung unterscheidet sich je nach der Kennnummer, die als Argument von ZEICHEN angegeben wird.

  Ein Beispiel für die Darstellung der Strömungsrichtung zeigt Abb. 3.12. In der Modellzelle ohne Eintrag befindet sich ein Entnahmebrunnen. Die Pfeile zeigen an, wie dieser Brunnen an- und umströmt wird.

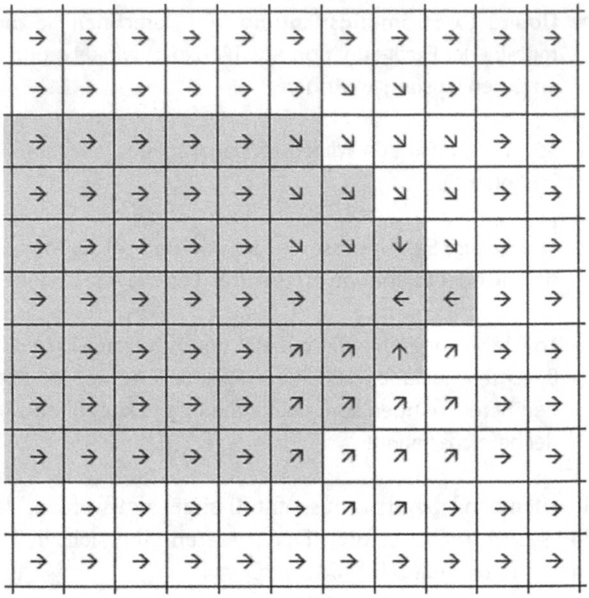

Abb. 3.12 Darstellung der Strömungsrichtung in der Umgebung eines Entnahmebrunnens. Zur Veranschaulichung sind diejenigen Modellzellen, aus denen der Brunnen Zustrom erhält, grau hinterlegt

3.6   Anwendungen 2

3.6.1   Hydraulische Sicherung einer Altlast

Im Zellbereich (13; 10) bis (19; 15) des Modells befindet sich eine Altlast, aus der Schadstoffe in das Grundwasser eingetragen werden. Eine weitere unkontrollierte Ausbreitung der Schadstoffe soll unterbunden werden, indem man das von der Altlast abströmende Grundwasser vollständig durch einen Entnahmebrunnen abfängt. Die Aufgabe des Ingenieurs besteht in diesem Fall darin, den Brunnen so zu platzieren, dass das Ziel der Sicherung mit einer möglichst geringen Förderrate erreicht wird.

Der k_f-Wert im Modellgebiet hat sich auch durch die Modellkalibrierung nicht eindeutig bestimmen lassen (Abschn. 3.4.2). Die Grundwasserneubildung ist ebenfalls nur ungefähr bekannt. Die Sicherungsmaßnahme muss folglich unter ungenauer Kenntnis der tatsächlichen Verhältnisse geplant werden. Um mit der vorgeschlagenen Maßnahme in jedem Fall den gewünschten Effekt zu erzielen, wird sie unter den ungünstigsten anzunehmenden Bedingungen konzipiert.

▶ **Übung 17: Hydraulische Sicherung** 17.1 Welcher k_f-Wert aus dem in Übung 14.2 ermittelten Wertebereich stellt die für die Maßnahme ungünstigste anzunehmende Bedingung dar und macht damit die höchste Förderrate notwendig? Schreiben Sie diesen k_f-Wert auf dem Tabellenblatt „Leitfähigkeit" in alle Modellzellen.

▶ 17.2 Sichern Sie die Altlast hydraulisch durch einen Entnahmebrunnen, aus dem unter den vorgegebenen Bedingungen möglichst wenig Wasser gefördert werden muss. Setzen Sie den Brunnen nicht zu nah an den Modellrand, da sonst die Randbedingung einer konstanten Standrohrspiegelhöhe verletzt wird (Lösung im Anhang).

Ergänzend sei darauf hingewiesen, dass ein Stofftransport durch die Effekte der **Dispersion** und **Diffusion** auch über Stromlinien hinweg stattfinden kann. Eine vollständige hydraulische Sicherung erfordert daher im Allgemeinen eine höhere Entnahme, als sie allein mit einem Strömungsmodell ermittelt werden kann. Dazu muss an die Strömungsmodellierung allerdings eine Stofftransportmodellierung angeschlossen werden.

3.6.2 Beschleunigung einer Sanierung durch Spülung

Das im Abstrom der Altlast geförderte kontaminierte Grundwasser (Abschn. 3.6.1) muss gereinigt werden und lässt sich dann in die Kanalisation oder ein Oberflächengewässer einleiten. Es kann zum Teil aber auch im Oberstrom der Altlast wieder infiltriert werden, um die Ausspülung der Schadstoffe zu beschleunigen und damit die Zeitdauer der Maßnahme zu verkürzen.

▶ **Übung 18: Spülverfahren** 18.1 Konzipieren Sie die Spülmaßnahme. Achten Sie darauf, dass das infiltrierte Wasser die gesamte Altlast durchspült, aber auch vollständig durch den Entnahmebrunnen im Abstrom der Altlast wiederaufgefangen wird (Lösung im Anhang).

3.6.3 Trinkwassergewinnung und Bodenabbau

Ein Wasserversorger fördert aus einem Brunnen jährlich eine Million Kubikmeter an Grundwasser. Die hydraulische Leitfähigkeit des Grundwasserleiters wurde aus Pumpversuchen zu rund 10^{-3} m/s bestimmt. Die Grundwasserneubildung lässt sich mit 190 mm/a ansetzen. In 600 m Entfernung von dem Brunnen soll durch Bodenabbau ein See von rund 200000 m² Fläche entstehen (Abb. 3.13).

▶ **Übung 19: Trinkwassergewinnung** 19.1 Erstellen Sie das Grundwasserströmungsmodell. Am linken und rechten Rand werden Festpotenziale vorgegeben, am oberen und unteren Rand konstante Durchflüsse. Ermitteln Sie vorab anhand von Abb. 3.13 und des Darcy-Gesetzes, wie groß der Durchfluss sein muss, damit sich die beobachteten Grundwassergleichen ergeben (Lösung im Anhang).

Abb. 3.13 Modell-
gebiet (3 km · 3 km) im
Anwendungsbeispiel von
Abschn. 3.6.3. Durch
Isohypsen ist der mittlere
Grundwasserstand über
der Grundwasserleiterbasis
im ungestörten Zustand
dargestellt

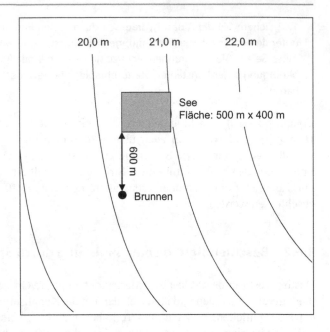

▶ 19.2 Der See stellt einen Bereich mit unendlich großer hydraulischer Leitfähigkeit
dar. Den entsprechenden Modellzellen wird daher ein sehr großer k_f-Wert von beispielsweise 1 m/s zugeordnet. Auf welchen Wert muss die jährliche Grundwasser-
förderung gesenkt werden, damit der Brunnen keinen Zustrom aus dem See erhält
(Lösung im Anhang)?

Literatur

Chiang W-H, Kinzelbach W, Rausch R (1998) Aquifer simulation model for windows. Borntrae-
ger, Berlin

Nachwort

4

Im Fall des Niederschlag-Abfluss-Modells (Kap. 2) hat die Modellvalidierung deutlich gezeigt, wie unzulänglich das Modell noch ist. Nicht erfasst werden beispielsweise meteorologische Antriebsgrößen wie die Temperatur, Prozesse wie die Schneeschmelze oder wesentliche Teile des Bodenwasserhaushalts, zeitliche Änderungen von Systemeigenschaften, insbesondere von Eigenschaften der Landbedeckung, die räumliche Variabilität von Relief, Landbedeckung und Boden sowie der Fluss des Wassers durch das Gerinnenetz zum Einzugsgebietsauslass.

All dies könnte nun nach und nach ergänzt werden. Schon bald wäre Excel mit der Komplexität des Problems überfordert und ein Wechsel zu einer Programmierung in einer höheren Programmiersprache notwendig. Das Grundkonzept der Modellierung ist aber bereits mit unserem einfachen Excel-Modell deutlich geworden: Man bildet die Natur nach als ein System aus Speichern, zwischen denen Austausch stattfindet und aus denen Abflüsse entstehen. Die dafür verantwortlichen Prozesse versucht man auf der Basis von physikalischen Prinzipien und von Beobachtungsdaten möglichst realistisch zu beschreiben. Angetrieben werden die Prozesse durch meteorologische Variablen wie Globalstrahlung, Niederschlag und Temperatur. Durch einen Vergleich der Modellausgabe mit entsprechenden Messwerten wird das Modell kalibriert. Anschließend wird das Modell validiert, indem man es auf einen anderen Zeitraum als den der Kalibrierung anwendet. Zeigt sich dabei, dass das Modell auch unter veränderten Randbedingungen zutreffende Ergebnisse liefert, wird es für seinen eigentlichen Bestimmungszweck genutzt.

Gemessen an der Modellphysik ist das in Kap. 3 erstellte Grundwasserströmungsmodell wesentlich fortgeschrittener als das Niederschlag-Abfluss-Modell. Sein Nachteil liegt vor allem in seiner geringen Flexibilität. In der Praxis eingesetzte Grundwasserströmungsmodelle können in ihren Abmessungen einfacher an die jeweiligen Gegebenheiten angepasst und bereichsweise in ihrer räumlichen Auflösung verfeinert werden.

Im Laufe der Lektüre dieses Buches haben Sie möglicherweise feststellen können, ob die Beschäftigung mit der hydrologischen Modellierung überhaupt etwas

K. Eckhardt, *Hydrologische Modellierung – Ein Einstieg mithilfe von Excel*,
DOI 10.1007/978-3-642-54095-0_4, © Springer-Verlag Berlin Heidelberg 2014

für Sie ist. Die Modellierung natürlicher und technischer Prozesse ist ein sehr wichtiges Arbeitsgebiet. Und es kann Spaß machen, da es in gewissem Maß dem Spieltrieb entgegenkommt. Es verlangt aber auch viel Ausdauer und Hintergrundwissen.

Ob Sie nun letztlich doch eine höhere Programmiersprache erlernen, um tiefer in die Materie einzusteigen, oder es bei Excel belassen: In jedem Fall haben Sie beim Durcharbeiten des vorliegenden Buches sehr viel über die Grundzüge der Niederschlag-Abfluss- und Grundwasserströmungsmodellierung gelernt. Bei der praktischen Anwendung wünsche ich Ihnen viel Erfolg!

Klaus Eckhardt

Anhang: Lösung der Aufgaben

5

Sie sollten den Anhang nur in zwei Fällen zurate ziehen:

- Wenn Sie Ihr fertiges Ergebnis überprüfen wollen.
- Wenn Sie sich intensiv um eine eigenständige Lösung des Problems bemüht haben, aber dennoch nicht weiter wissen.

Alles andere ist Selbstbetrug. Sie bringen sich um Ihren Lernerfolg, wenn Sie sich nicht selbst aktiv mit den gestellten Aufgaben auseinandersetzen!

1.4 Zelle C6 (Formel zur Berechnung des Volumens im Zeitschritt 1):

= B6

Zelle D6 (Formel zur Berechnung des Abflusses im Zeitschritt 1):

= B$3*C6

Diese Formel kann in die darunterliegenden Zellen kopiert werden.
Zelle C7 (Formel zur Berechnung des Volumens im Zeitschritt 2):

= C6 – D6 + B7

Diese Formel kann in die darunterliegenden Zellen kopiert werden.

2.3 Zelle C7 (Formel zur Berechnung des Volumens $V1$ im Zeitschritt 1):

= B7

Zelle D7 (Formel zur Berechnung des Abflusses $A1$ im Zeitschritt 1):

= B$3 * C7

K. Eckhardt, *Hydrologische Modellierung – Ein Einstieg mithilfe von Excel*,
DOI 10.1007/978-3-642-54095-0_5, © Springer-Verlag Berlin Heidelberg 2014

Diese Formel kann in die darunterliegenden Zellen kopiert werden.
Zelle E7 (Formel zur Berechnung des Volumens $V2$ im Zeitschritt 1):

= D7

Zelle F7 (Formel zur Berechnung des Abflusses $A2$ im Zeitschritt 1):

= B$4 * E7

Diese Formel kann in die darunterliegenden Zellen kopiert werden.
Zelle C8 (Formel zur Berechnung des Volumens $V1$ im Zeitschritt 2):

= C7 – D7 + B8

Diese Formel kann in die darunterliegenden Zellen kopiert werden.
Zelle E8 (Formel zur Berechnung des Volumens $V2$ im Zeitschritt 2):

= E7 – F7 + D8

Diese Formel kann in die darunterliegenden Zellen kopiert werden.

3.3

$$1 \text{ m}^3/\text{s} = 86\,400 \text{ m}^3/\text{d}$$

86 400 m^3/d sind, verteilt auf die Einzugsgebietsfläche von 82,3 km^2,

$$\frac{86400 \text{ m}^3}{\text{d} \cdot 82,3 \cdot 10^6 \text{m}^2} = 1,05 \cdot 10^{-3} \frac{\text{m}}{\text{d}}$$

1 m^3/s entspricht also 1,05 mm/d.

4.3 Zelle B8 (Formel zur Berechnung der logistischen Funktion für den Wert von V, der in Zelle A8 steht):

= B$3 / (1 + (B$3/B$4 – 1) * EXP (– B$5*B$3*A8))

Diese Formel kann in die darunterliegenden Zellen kopiert werden.

5.1 Zelle B8 (Formel zur Berechnung der ET für den Wert von V, der in Zelle A8 steht):

= (B$3 + B$4) / (1 + B$3 / B$4 * EXP (– B$5 * (B$3 + B$4) * A8)) – B$4

Diese Formel kann in die darunterliegenden Zellen kopiert werden.

5.3   Zelle B8 (Formel zur Berechnung der Evapotranspiration für den Wert von V, der in Zelle A8 steht):

$$= MIN((B\$3 + B\$4) / (1 + B\$3 / B\$4 * EXP(-B\$5 * (B\$3 + B\$4) * A8)) - B\$4; A8)$$

Diese Formel kann in die darunterliegenden Zellen kopiert werden.

6.4   Zelle B2 (Formel zur Berechnung des Oberflächenabflusses O):

$$= WENN(Daten!B5 > Auswertung!B\$3; Daten!B5 - Auswertung!B\$3; 0)$$

Diese Formel kann in die darunterliegenden Zellen kopiert werden.
Zelle C2 (Formel zur Berechnung des Volumens $V1$ im Zeitschritt 1):

$$= Daten!B5 - B2$$

Zelle D2 (Formel zur Berechnung der ET):

$$= MIN((Auswertung!B\$4 + Auswertung!B\$5) / (1 + Auswertung!B\$4 /$$
$$Auswertung!B\$5 * EXP(-Auswertung!B\$6 * (Auswertung!B\$4$$
$$+ Auswertung!B\$5) * C2)) - Auswertung!B\$5; C2)$$

Diese Formel kann in die darunterliegenden Zellen kopiert werden.
Zelle E2 (Formel zur Berechnung des Abflusses $A1$ aus dem Speicher 1):

$$= Auswertung!B\$1 * (C2 - D2)$$

Diese Formel kann in die darunterliegenden Zellen kopiert werden.
Zelle F2 (Formel zur Berechnung des Volumens $V2$ im Zeitschritt 1):

$$= E2$$

Zelle G2 (Formel zur Berechnung des Abflusses $A2$ aus dem Speicher 2):

$$= Auswertung!B\$2 * F2$$

Diese Formel kann in die darunterliegenden Zellen kopiert werden.
Zelle H2 (Formel zur Berechnung des Gesamtabflusses):

$$= B2 + G2$$

Diese Formel kann in die darunterliegenden Zellen kopiert werden.
Zelle C3 (Formel zur Berechnung des Volumens $V1$ im Zeitschritt 2):

= C2 – D2 – E2 + Daten!B6 – B3

Diese Formel kann in die darunterliegenden Zellen kopiert werden.
Zelle F3 (Formel zur Berechnung des Volumens $V2$ im Zeitschritt 2):

= F2 – G2 + E3

Diese Formel kann in die darunterliegenden Zellen kopiert werden.

7.1 Zelle E1 (mittlere quadrierte Abweichung MQA):

=SUMME((Berechnung!I2:I185 – Daten!D5:D188)^2)
 / ANZAHL(Daten!D5:D188)

Zelle G1 (Nash-Sutcliffe-Effizienz NSE):

= 1 – E1 / VARIANZEN(Daten!D5:D188)

Zelle E2 (mittlere absolute Abweichung MAA):

= SUMME(ABS(Berechnung!I2:I185 – Daten!D5:D188)) /
 ANZAHL(Daten!D5:D188)

Die Formeln für MQA und MAA sind als Matrixformeln einzugeben. Dazu muss die Eingabe jeweils durch *gleichzeitiges* Drücken der folgenden drei Tasten abgeschlossen werden: Steuerungstaste (links unten auf der Tastatur, im Deutschen mit „Strg", im Englischen mit „Ctrl" beschriftet), Hochstelltaste (mit dem breiten Pfeil nach oben, auch „Shift-Taste" genannt) und Eingabetaste (häufig mit „Enter" beschriftet).
 Zelle E6 (mittlerer gemessener Abfluss):

= MITTELWERT (Daten!D5:D188)

Zelle E7 (mittlerer berechneter Abfluss):

= MITTELWERT (Berechnung!I2 : I185)

7.2 k_1=0,30 d^{-1}, k_2=0,30 d^{-1}, Inf_{max}=26,0 mm/d, ET_{max}=7,10 mm/d, ET_0=0,02 mm/d, k_{ET}=0,15 d/mm^2, dt=1 d $\Rightarrow$ MQA=0,32 (mm/d)^2, NSE=0,73, MAA=0,34 mm/d
 mittlerer Abfluss: gemessen 0,70 mm/d, berechnet 0,69 mm/d

Die oben angegebenen Werte der Zielfunktionen können möglicherweise auch mit anderen Sätzen von Parameterwerten erreicht werden. Dies ist ein Phänomen, das als **Äquifinalität** bezeichnet wird.

8.3 $k_1 = 0{,}15$ d^{-1}, $k_2 = 0{,}80$ d^{-1}, $Inf_{max} = 40{,}0$ mm/d, $ET_{max} = 0{,}80$ mm/d, $ET_0 = 0{,}10$ mm/d, $k_{ET} = 0{,}80$ d/mm^2, $dt = 0 \Rightarrow MQA = 1{,}52$ (mm/d)^2, $NSE = 0{,}82$, $MAA = 0{,}79$ mm/d
mittlerer Abfluss: gemessen 2,16 mm/d, berechnet 2,13 mm/d

8.4 $k_1 = 0{,}75$ d^{-1}, $k_2 = 0{,}15$ d^{-1}, $Inf_{max} = 40{,}0$ mm/d, $ET_{max} = 2{,}00$ mm/d, $ET_0 = 0{,}40$ mm/d, $k_{ET} = 0{,}35$ d/mm^2, $dt = 0 \Rightarrow MQA = 1{,}69$ (mm/d)^2, $NSE = 0{,}80$, $MAA = 0{,}76$ mm/d
mittlerer Abfluss: gemessen 2,16 mm/d, berechnet 1,95 mm/d

9.1 $S(\bar{y}' \mid k_2) = 0{,}00$, $S(\bar{y}' \mid Inf_{max}) = 0{,}07$, $S(\bar{y}' \mid ET_{max}) = -2{,}03$, $S(\bar{y}' \mid ET_0) = -0{,}22$, $S(\bar{y}' \mid k_{ET}) = 1{,}16$, $S(\bar{y}' \mid dt) = 0{,}07$ mit $\bar{y}'$: mittlerer berechneter Abfluss

9.3 $\bar{y} = 0{,}70$ mm/d, $\bar{y}' = 0{,}69$ mm/d $\Rightarrow$ Der Abfluss muss um 1,4% erhöht werden.
Notwendige Änderung von ET_{max}: $\Delta ET_{max} = 1{,}4\%/S(\bar{y}' \mid ET_{max}) \cdot ET_{max} = -0{,}05$ mm/d.

10.1

$$-A + B\,h = \frac{Q}{h - b}$$

$$-Ah + Ab + Bh^2 - Bbh = Q$$

$$Bh^2 - (A + Bb)h = Q - Ab$$

$$h^2 - \frac{A + Bb}{B}h = \frac{Q - Ab}{B}$$

$$\left(h - \frac{A + Bb}{2B}\right)^2 = \frac{Q - Ab}{B} + \left(\frac{A + Bb}{2B}\right)^2$$

$$h = \frac{A + Bb}{2B} \pm \sqrt{\frac{Q - Ab}{B} + \left(\frac{A + Bb}{2B}\right)^2}$$

$$= \frac{A + Bb}{2B} \pm \sqrt{\frac{Q - Ab}{B} + \frac{A^2 + 2ABb + B^2b^2}{4B^2}}$$

$$= \frac{A+B\,b}{2\,B} \pm \sqrt{\frac{4BQ-4ABb+A^2+2ABb+B^2b^2}{4B^2}}$$

$$= \frac{A+B\,b}{2\,B} \pm \sqrt{\frac{4BQ+A^2-2ABb+B^2b^2}{4B^2}}$$

$$= \frac{1}{2B}\left(A+Bb \pm \sqrt{4BQ+(A-Bb)^2}\,\right)$$

Wenn Wasser zugeführt wird ($Q>0$), muss dies die Standrohrspiegelhöhe h ansteigen lassen. Dies gilt nur, wenn vor der Wurzel das Pluszeichen steht:

$$h = \frac{1}{2B}\left(A+Bb + \sqrt{4BQ+(A-Bb)^2}\,\right)$$

12.1 $10^{-6}\ \text{km}^2/\text{m}^2 \cdot L^2$ mit L^2: Grundfläche der Modellzelle in m^2

14.2   rund $0,15 \cdot 10^{-3}$ m/s bis $0,30 \cdot 10^{-3}$ m/s

15.2 $k_f = 0,70 \cdot 10^{-3}$ m/s

15.3

Zelle	Entnahme (l/s)
(5; 1)	1,7
(5; 2)	2,8
(6; 1)	1,7
(6; 2)	2,3
Summe	8,5

Insgesamt sind $2 \cdot 8,5$ l/s zu entnehmen, da im Modell nur die halbe Baugrube nachgebildet wird.

16.1

$= \text{ARCTAN2}\left(\text{h!B6} - \text{h!D6}; \text{h!C7} - \text{h!C5}\right) * 180 / \text{PI}()$

16.2

$= \text{RUNDEN}(\text{ARCTAN2}\left(\text{h!B6} - \text{h!D6}; \text{h!C7} - \text{h!C5}\right) * 4 / \text{PI}(); 0)$

16.3

$= \text{WENN}(\text{'Quellen \& Senken'!C6} <> 0; ""; \text{RUNDEN}(\text{ARCTAN2}$
$\left(\text{h!B6} - \text{h!D6}; \text{h!C7} - \text{h!C5}\right) * 4 / \text{PI}(); 0))$

→	→	→	→	→	→	→	→	→	→	→	→	→	→	→	→	→	→	→	→
→	→	→	→	→	→	→	→	→	→	→	→	→	→	→	→	↘	↘	→	→
→	↗	↗	→	→	→	→	→	→	→	→	→	→	→	→	↘	↘	↘	↘	→
↗	↗	↗	↗	→	→	→	→	→	→	→	→	→	→	→	↘	↘	↘	↘	→
↗	↗	↗	→	→	→	→	→	→	→	→	→	→	→	→	↘	↘	↓	↘	→
→	←		→	→	→	→	→	→	→	→	→	→	→	→	→		←	←	→
↘	↘	↘	→	→	→	→	→	→	→	→	→	→	→	→	↗	↗	↑	↗	→
↘	↘	↘	↘	→	→	→	→	→	→	→	→	→	→	→	↗	↗	↗	↗	→
→	↘	↘	→	→	→	→	→	→	→	→	→	→	→	→	↗	↗	↗	↗	→
→	→	→	→	→	→	→	→	→	→	→	→	→	→	→	→	↗	↗	→	→
→	→	→	→	→	→	→	→	→	→	→	→	→	→	→	→	→	→	→	→

Abb. 5.1 Lösung zu Übung 18.1. Zur Veranschaulichung ist der durchspülte Bereich grau hinterlegt

17.2 Brunnen im Abstrom der Altlast in der Modellzeile 16, $Q = -2{,}1$ l/s bei $k_f = 0{,}30 \cdot 10^{-3}$ m/s

18.1 Infiltration von 2,2 l/s in Modellzelle (16; 8), Entnahme von 2,4 l/s in Modellzelle (16; 22) (Abb. 5.1)

19.1
- Seitenlänge der Gitterzellen: L = 100 m
- konstanter Durchfluss am oberen Rand: 0
- konstanter Durchfluss am unteren Rand:

$Q = A \, v$ (Gleichung 3.3)
$\quad = - A \, k_f \Delta h / \Delta y$ (Darcy-Gesetz, Gleichung 3.4)

Am oberen Modellrand lässt sich ablesen, dass das Grundwasserspiegelgefälle in Strömungsrichtung 1 m/(1/4 · 3 km) beträgt. Der Abfluss über den unteren Modellrand entspricht der Strömungskomponente in y-Richtung an diesem Rand. Die Isohypsen treffen auf ihn in einem Winkel von etwa 45°. Das Gefälle der Standrohrspiegelhöhe in y-Richtung ist somit 1 m/(1/4 · 3 km) · cos(45°). Mit einem mittlerer k_f-Wert von 10^{-3} m/s und einer mittleren wassererfüllten Mächtigkeit von 20 m ergibt sich als Durchfluss in y-Richtung pro Modellzelle

$Q = -100 \text{ m} \cdot 20 \text{ m} \cdot 10^{-3} \text{ m/s} \cdot 1 \text{ m}/(1/4 \cdot 3 \text{ km}) \cdot \cos(45°)$
$\quad = -2 \cdot 10^{-3} \text{ m}^3/\text{s}$

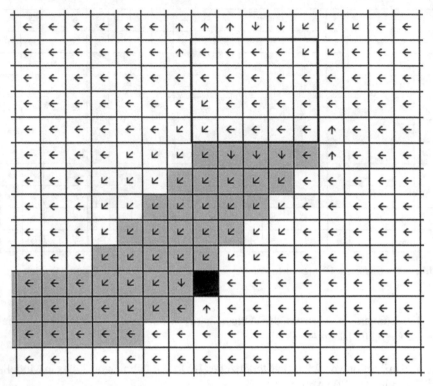

Abb. 5.2 Lösung zu Übung 19.2. Zur Veranschaulichung ist die Zelle mit dem Brunnen schwarz und der Abstrom von der brunnenzugewandten Seite des Sees grau hinterlegt

- Basis: $b = 0,0$ m im gesamten Modellgebiet
- Grundwasserneubildungsrate:

  190 mm/a = 190 l/m²/a
  $$= 190 \cdot 10^{-3} \text{ m}^3/(10^{-6} \text{ km}^2)/(365 \cdot 24 \cdot 60 \cdot 60 \text{ s})$$
  $$= 6,0 \cdot 10^{-3} \text{ m}^3/\text{km}^2/\text{s}$$

19.2 Entnahme im Ausgangszustand:

$$10^6 \, \text{m}^3/\text{a} \; = \; 10^6 \, \text{m}^3/(365 \cdot 24 \cdot 60 \cdot 60 \, \text{s}) \; = \; 31,7 \cdot 10^{-3} \, \text{m}^3/\text{s}$$

Entnahme ohne Zustrom vom See:

$$14,8 \cdot 10^{-3} \, \text{m}^3/\text{s} \; = \; 0,467 \cdot 10^6 \, \text{m}^3/\text{a}$$

(Abb. 5.2)

Sachverzeichnis

K. Eckhardt, *Hydrologische Modellierung – Ein Einstieg mithilfe von Excel*,
DOI 10.1007/978-3-642-54095-0, © Springer-Verlag Berlin Heidelberg 2014